电磁场广义互易定理

Generalized Reciprocity Theorem for Electromagnetic Fields

刘国强　刘　婧　李元园　著

科 学 出 版 社

北　京

内 容 简 介

互易定理是电磁学最重要的理论之一，在通信、天线信号传输、电磁成像等诸多领域有着非常广泛的应用。

本书系统地梳理了目前已发现的洛伦兹互易方程、Feld-Tai 互易方程等“能量型”方程。在此基础上，提出并推导了动量互易方程、互动量方程等“动量型”方程。

本书适合电气工程、电子工程、通信工程等领域的科研人员以及从事天线、波导、通信等研究的工程技术人员阅读参考，也可作为上述专业的研究生教材。此外，本书提出的互易定理还可供医学成像、工业过程成像等电磁检测领域的科研人员参考。

图书在版编目（CIP）数据

电磁场广义互易定理/刘国强，刘婧，李元园著. —北京：科学出版社，2020.12

ISBN 978-7-03-067127-1

Ⅰ. ①电… Ⅱ. ①刘… ②刘… ③李… Ⅲ. ①电磁场 Ⅳ. ①O441.4

中国版本图书馆 CIP 数据核字（2020）第 243193 号

责任编辑：陈艳峰　崔慧娴 / 责任校对：彭珍珍

责任印制：吴兆东 / 封面设计：无极书装

科学出版社 出版

北京东黄城根北街 16 号

邮政编码：100717

http://www.sciencep.com

北京富资园科技发展有限公司印刷

科学出版社发行　各地新华书店经销

*

2020 年 12 月第 一 版　开本：720 × 1000　B5

2025 年 1 月第三次印刷　印张：7 1/4

字数：100 000

定价：68.00 元

（如有印装质量问题，我社负责调换）

前　言

互易定理是重要的电磁场理论之一，被写在许多经典的电磁场理论专著或教科书中。作为理论分析和实际应用的重要工具，互易定理被众多科技工作者采用，频繁出现在浩如烟海的科技论文中。

互易定理将两个独立的电磁场联系起来，反映了两个场源之间的能量作用。多年来在中国科学院大学电磁场理论教学与电磁成像的科研工作中，作者频繁接触电磁场能量定理、动量定理与互易定理。2019年夏秋之际，一个意识涌入脑海，互易定理是一颗蕴藉能量之珠，是否还另有一颗蕴藉动量之珠？

珍珠无限好。1896 年迄今已历百余年矣，茫茫学海之中，我们开始了快乐而难忘的寻宝之旅。与动量明珠是不期而遇，抑或久别重逢？众里寻它千百度，先睹之真容，何其幸也！我们满心欢喜，它却气定神闲。念或不念，就在这里，不来不去，不悲不喜，不增不减，亦如那颗能量明珠一般，光华璀璨。两颗明珠宛如天边的一对双星，那是梦中一池秋水，注定为吾辈同道所喜爱。

相逢是首歌，回首过去，快乐如昨。古人秉烛而谈，良有以也，吾师生三人，徜徉在寻觅雾中身影之梦里，策马奔驰在追逐遥远星星之路上，遨游在编织美丽憧憬之蓝天穹谷，曾不知日月逝矣，不亦乐乎？

本书的主要内容是在国家自然科学基金重点项目(51937010)、国家重点研发计划数字诊疗装备研发重点专项(2018YFC0115200)、中科院科研仪器设备研制项目(ZDKYYQ20190002)以及中科院战略高技术创新基金项目的资助下完成的。

限于作者水平，书中疏漏之处在所难免，恳请读者给予批评指正。

作　者

于北京中关村

目　　录

前言
第 1 章　绪论 ………………………………………………………………1
1.1　引言…………………………………………………………………1
1.2　本书主要内容………………………………………………………5
第 2 章　电磁场方程与定理…………………………………………………6
2.1　麦克斯韦方程组……………………………………………………6
2.2　时变电磁场坡印亭定理……………………………………………7
2.3　时谐电磁场坡印亭定理……………………………………………8
2.4　时变电磁场动量定理………………………………………………9
2.5　时谐电磁场动量定理………………………………………………12
2.6　对偶原理……………………………………………………………15
2.7　时间反转……………………………………………………………16
第 3 章　能量型方程…………………………………………………………18
3.1　洛伦兹频域互易方程………………………………………………18
3.2　频域互能方程………………………………………………………19
3.3　时域互易方程………………………………………………………22
3.4　时域互能方程………………………………………………………24
3.5　频域 Feld-Tai 互易方程 …………………………………………28
3.6　时域 Feld-Tai 互易方程 …………………………………………30
3.7　能量型互易方程的特殊形式………………………………………31
第 4 章　动量型方程…………………………………………………………35
4.1　频域动量互易方程…………………………………………………35
4.2　频域互动量方程……………………………………………………40
4.3　时域动量互易方程…………………………………………………45
4.4　时域互动量方程……………………………………………………48
4.5　另一个频域动量互易方程 …………………………………………51

4.6　另一个时域动量互易方程……53
4.7　动量型互易方程的特殊形式……55
4.8　静态场动量互易方程……60
第 5 章　合成场方法……64
5.1　频域互能方程……64
5.2　时域互能方程……66
5.3　频域互动量方程……68
5.4　时域互动量方程……70
第 6 章　变换方程方法……73
6.1　对偶变换……74
6.2　时间反转变换……77
6.3　频域共轭变换……78
6.4　傅里叶变换……82
6.5　法拉第-安培变换……83
第 7 章　微分几何方法……85
7.1　微分几何简述……85
7.2　Rumsey 广义反应……86
第 8 章　互易方程的应用……91
8.1　时域互易方程的应用……91
8.2　时域 Feld-Tai 互易方程的应用……93
8.3　准静态电磁场动量互易方程的应用……95
8.4　准静态电磁场角动量互易方程的应用……99
附录 A　卷积运算……102
附录 B　互相关运算……103
附录 C　微分恒等式……104
附录 D　合成场运算……106
参考文献……107
结束语……108

第1章 绪　　论

互易定理是电磁学最重要的理论之一。在经典电磁学理论中，互易定理是指在一定的约束条件下，麦克斯韦方程组中的源与其产生的电磁场在线性介质中相互交换而得到的一系列定理。互易定理将两个独立的电磁场联系起来，描述了第一个矢量源对第二个矢量源的场效应和第二个矢量源对第一个矢量源的场效应之间的关系。而这种联系之所以存在，是因为两个电磁场都遵循同样的麦克斯韦方程组。互易定理的相关方程在通信和天线信号传输、电磁场成像等诸多领域有着非常广泛的应用。

1.1 引　　言

闭合曲面上的互易方程是在1896年由洛伦兹(Lorentz, 1896)首先提出的。之后，Rayleigh(Rayleigh, 1900)和Carson(Carson, 1930)进一步发展了互易定理，将其定义在体积分上。我们把如下方程称为一般形式的洛伦兹互易定理：

$$\begin{aligned}&\oint_S\left(\boldsymbol{E}_1\times\boldsymbol{H}_2-\boldsymbol{E}_2\times\boldsymbol{H}_1\right)\cdot\mathrm{d}\boldsymbol{S}\\&=\int_V\left(\boldsymbol{J}_1\cdot\boldsymbol{E}_2-\boldsymbol{J}_2\cdot\boldsymbol{E}_1+\boldsymbol{K}_2\cdot\boldsymbol{H}_1-\boldsymbol{K}_1\cdot\boldsymbol{H}_2\right)\mathrm{d}V\end{aligned}\tag{1.1.1}$$

式中，$\boldsymbol{J}_i$和$\boldsymbol{K}_i$分别为电流源和磁流源；$\boldsymbol{E}_i$和$\boldsymbol{H}_i$为两种源产生的电场强度和磁场强度。互易方程反映的是电流源与电场的点乘关系，以及磁流源与磁场的点乘关系。为了方便论述，本书重点考虑电性源，关于磁性源的互易方程可以通过对偶变换(见本书6.1节)的方法得到。

若不考虑磁性源，则有

$$\oint_S \left(\boldsymbol{E}_1\times\boldsymbol{H}_2-\boldsymbol{E}_2\times\boldsymbol{H}_1\right)\cdot \mathrm{d}\boldsymbol{S}=\int_V (\boldsymbol{J}_1\cdot\boldsymbol{E}_2-\boldsymbol{J}_2\cdot\boldsymbol{E}_1)\mathrm{d}V \tag{1.1.2}$$

其中表达式$\left(\boldsymbol{J}_1\cdot\boldsymbol{E}_2\right)$和$\left(\boldsymbol{J}_2\cdot\boldsymbol{E}_1\right)$分别为源 1 对场 2 的“反应”(也称相互作用)和源 2 对场 1 的“反应”,“反应”不具有实际物理意义，但是具有功率密度的量纲。

Rumsey 最早提出“反应”这一概念，并将洛伦兹互易定理总结为两个场源之间的“作用与反作用”(Rumsey, 1954)。Rumsey 后来又将复共轭变换应用于“作用与反作用”理论，并得到了新的互易定理方程(Rumsey, 1963)

$$\int_V \left[\boldsymbol{J}_1(\omega)\cdot\boldsymbol{E}_2^*(\omega)+\boldsymbol{J}_2^*(\omega)\cdot\boldsymbol{E}_1(\omega)\right]\mathrm{d}V=0 \tag{1.1.3}$$

新的互易定理方程具有实际物理意义，可以表示两个场源之间能量的相互作用，表达互复功率的概念。

这个新的互易定理方程被后来学者多次重新发现，如赵双任和 Petrusenko 等分别在论文中称其为互能定理(赵双任, 1987)和被遗忘的第二个洛伦兹互易定理(Petrusenko et al., 2009)。本书从该方程的实际物理意义出发，遵循赵双任的命名方式，将这一类型的方程称为“互能方程”。互能方程描述了两个场源的能量相互作用关系，其一般形式如下：

$$-\oint_S (\boldsymbol{E}_2^*\times\boldsymbol{H}_1+\boldsymbol{E}_1\times\boldsymbol{H}_2^*)\cdot \mathrm{d}\boldsymbol{S}=\int_V (\boldsymbol{J}_2^*\cdot\boldsymbol{E}_1+\boldsymbol{J}_1\cdot\boldsymbol{E}_2^*)\mathrm{d}V \tag{1.1.4}$$

频域互易定理和互能定理方程形式简洁，具有较为广泛的应用范围。随着研究的深入，时域互易定理和互能定理方程也逐渐被发现。Welch 最早提出时域互易概念(Welch, 1960)，De Hoop 在其论文中阐述了“时域卷积型互易定理”(reciprocity theorem of the time-convolution type)和“时域互相关的互易定理”(reciprocity theorem of the time-correlation type)(De Hoop, 1987)。可以证明时域互相关的互易定理(De Hoop, 1987)与频域互能定理(赵双任，1987)可以通过傅里叶变换(见 6.4 节)进行相互转换，因此可以看成是一个定理。

洛伦兹互易方程与互能方程可以通过电磁场共轭变换(见 6.2 节和 6.3 节)进行相互转换。对互能方程的两个电磁场之一，比如对 $\boldsymbol{E}_2$，$\boldsymbol{H}_2$ 作共轭变换可以得到洛伦兹互易方程；反之，对洛伦兹互易方程的两个电磁场之一，比如 $\boldsymbol{E}_2$，$\boldsymbol{H}_2$ 作共轭变换，保持 $\boldsymbol{E}_1$，$\boldsymbol{H}_1$ 不变，则可以得到互能方程。

然而，互易方程和互能方程描述的是电流源和电场之间的关系，尚未建立电流源和磁场之间的关系。与之相关的新形式互易定理方程是由 Feld (Feld, 1992)和 Tai (Tai, 1992)各自独立提出的，因此被称为 Feld-Tai 互易定理。Feld-Tai 互易方程描述了电流源和磁场的关系，即两个时谐电流源 $\boldsymbol{J}_1$ 和 $\boldsymbol{J}_2$ 和产生的磁场 $\boldsymbol{B}_1$ 和 $\boldsymbol{B}_2$ 之间的关系，具有如下一般形式：

$$\oint_S (\boldsymbol{H}_1 \times \boldsymbol{B}_2 - \boldsymbol{E}_1 \times \boldsymbol{D}_2) \cdot \mathrm{d}\boldsymbol{S} = \int_V \left(\boldsymbol{J}_1 \cdot \boldsymbol{B}_2 - \boldsymbol{J}_2 \cdot \boldsymbol{B}_1\right) \mathrm{d}V \qquad (1.1.5)$$

洛伦兹互易方程与 Feld-Tai 互易方程可以通过法拉第–安培变换(见 6.5 节)进行转换，即保持第一个场源不变，第二个场源采用法拉第–安培变换，则可实现这两类方程的相互转换。

若两个源均在体积 V 内，并考虑磁导率均匀介质情况，式(1.1.5)常被简写为

$$\int_V \left(\boldsymbol{J}_1 \cdot \boldsymbol{H}_2 - \boldsymbol{J}_2 \cdot \boldsymbol{H}_1\right) \mathrm{d}V = 0 \qquad (1.1.6)$$

可以发现，洛伦兹互易方程表达了两个场源之间的功率反应，互能方程表达的是互复功率，而 Feld-Tai 互易方程中场源的点积具有电流平方的量纲。由此可以认为，目前的互易定理方程与电磁场能量相关。就此意义而言，它们反映的是两个场源之间的“能量”作用关系。因此本书将其统称为能量型方程，在第 3 章予以阐述。

洛伦兹互易定理被写在了各种电磁场理论或电动力学的教科书中，已经被熟悉电磁场的读者所习惯。互能定理由于其方程具有实际意义，也得到了一定的应用。而 Feld-Tai 互易定理虽然提出已有一段时间，但并不常用，以致本书作者在未发现相关文献的情况下，将这个定理重新发现了一回。作者由此意识到，缺乏专门针对互易

定理论述的相关书籍，可能会给不同领域的科研工作者带来一定的壁垒。因此，本书的初衷是对目前出现的互易定理方程进行体系化梳理，并从麦克斯韦方程组出发重新进行推导，以帮助读者理解和运用这些方程。

然而在行书过程中，作者发现目前的互易定理方程只是从“能量”一个侧面反映了两个场源之间的相互作用关系，也许这并不全面。事实上，电磁场除了具有能量还具有动量和角动量，因此两个场源的作用关系，除了能量作用关系，还有动量作用关系，需要有反映两种场源之间动量作用关系的定理加以描述。这意味着现有的电磁场互易定理是可以扩展的。本书在第 4 章提出并推导了动量型互易方程，它反映的是电流源与磁通密度的叉乘关系以及电荷源与电场强度的相乘关系，具有动量密度变化率的量纲。动量型互易方程与能量型互易方程分别从动量和能量两种不同的角度给出了两个电磁系统之间的相互作用关系。

在第 5 章中，作者对互能方程和互动量方程分别从电磁场坡印亭定理和动量定理出发，给出了另一种推导方式——合成场方法。

2019 年 11 月，作者完成了对互易定理方程家族谱系的推导和梳理工作，于 2020 年初尝试向 IEEE 旗下等电磁相关期刊投稿。在这个过程中有一位审稿人推荐了 Lindell 等在 2020 年最新发表的文章(Lindell et al., 2020)，他认为 Lindell 等的工作与我们的工作结论相近。Lindell 等是利用微分几何所表述的电磁场方程对互易定理作了扩展，由于大部分电磁场著作或教科书都以吉布斯矢量方式写就，而微分几何体系的电磁学的研究者较少，本书作者对此亦不熟悉，经过认真研读，认为我们与 Lindell 等是用不同的体系和方法各自实现了对频域互易定理方程的扩展，这也算是冥冥之中的缘分。本书将这部分内容放在第 7 章予以介绍。

Lindell 等导出的公式正是本书作者导出的频域动量互易方程的特殊形式，除此之外，本书作者还导出了时域动量互易方程、时域角动量互易方程、频域互动量方程(Liu et al., 2020)、频域互角动量方程、时域互动量方程、时域互角动量方程等一系列动量型方程。

第 8 章以磁声电成像(magneto-acousto-electrical tomography, MAET)为例对本书所述互易方程的具体应用予以阐述。

至此，全书的逻辑脉络已大致成型。

1.2 本书主要内容

“能量型方程”包含两类：一类是表达源与场“能量反应”的方程，即洛伦兹互易方程；另一类是具有能量物理意义的方程，即“互能方程”。

“动量型方程”包括两类：一类是表达源与场“动量反应”的方程，即“动量反应互易方程”，包括动量互易方程、角动量互易方程；另一类是具有动量物理意义的方程，包括互动量方程、互角动量方程等。

在本书中，为便于叙述，从能量型方程和动量型方程中抽出能量反应方程和动量反应方程，命名为“反应型方程”，将互能方程、互动量方程与互角动量方程命名为“能量动量型方程”。

根据逻辑关系，本书共分为四部分，各个章节的内容安排如下：

第一部分，即“电磁场方程和定理”，即第 2 章，介绍了时变电磁场坡印亭定理、时谐电磁场坡印亭定理、时变电磁场动量定理、时谐电磁场动量定理、对偶原理以及时间反转。

第二部分，从麦克斯韦方程组出发，直接导出频域和时域的互易方程，即第 3 章“能量型方程”和第 4 章“动量型方程”，包括频域和时域下的互易方程、互能方程、动量互易方程、互动量方程，以及角动量互易方程、互角动量方程。

第三部分，给出了导出互易方程的其他三种方法，即“合成场方法”、“变换方程方法”和“微分几何方法”，即第 5 章至第 7 章。

第四部分，对上述电磁互易定理给出具体的应用实例。

需要说明的是，为叙述简洁，本书中均假定介质为线性均匀各向同性无耗介质。

第 2 章　电磁场方程与定理

关于电磁场的定理很多，由于阐述互易定理的需要，这里仅综述与之相关的电磁场基本方程和定理。

2.1　麦克斯韦方程组

麦克斯韦方程组的微分形式如下：

$$\begin{cases} \nabla\times\boldsymbol{E}(\boldsymbol{r},t)=-\dfrac{\partial\boldsymbol{B}(\boldsymbol{r},t)}{\partial t}, & \text{法拉第电磁感应定律} \quad (2.1.1a) \\ \nabla\times\boldsymbol{H}(\boldsymbol{r},t)=\boldsymbol{J}(\boldsymbol{r},t)+\dfrac{\partial\boldsymbol{D}(\boldsymbol{r},t)}{\partial t}, & \text{安培定律} \quad (2.1.1b) \\ \nabla\cdot\boldsymbol{B}(\boldsymbol{r},t)=0, & \text{高斯磁通定理} \quad (2.1.1c) \\ \nabla\cdot\boldsymbol{D}(\boldsymbol{r},t)=\rho(\boldsymbol{r},t), & \text{高斯电通定理} \quad (2.1.1d) \end{cases}$$

介质中的性质方程为

$$\begin{cases} \boldsymbol{D}=\varepsilon\boldsymbol{E} & (2.1.1e) \\ \boldsymbol{B}=\mu\boldsymbol{H} & (2.1.1f) \\ \boldsymbol{J}=\sigma\boldsymbol{E} & (2.1.1g) \end{cases}$$

式中，$\boldsymbol{H}$ 为磁场强度，单位为安培/米(A/m)；$\boldsymbol{E}$ 为电场强度，单位为牛顿/库仑(N/C)，或伏特/米(V/m)；$\boldsymbol{D}$ 为电位移矢量，或电通密度，单位为库仑/米^2(C/m^2)；$\boldsymbol{B}$ 为磁感应强度，或磁通密度，单位为特斯拉(T)，或韦伯/米^2(Wb/m^2)；$\boldsymbol{J}$ 为体电流密度，简称电流密度，单位为安培/米^2(A/m^2)；ρ 为体电荷密度，简称电荷密度，单位为库仑/米^3(C/m^3)；σ 为电导率，单位为西门子/米(S/m)；ε 为介电常数，或介电常量，单位为法/米(F/m)；μ 为磁导率，单位为亨/米(H/m)。

时谐电磁场麦克斯韦方程组为

$$\begin{cases}\nabla\times\boldsymbol{E}=-\mathrm{j}\omega\boldsymbol{B}=-\mathrm{j}\omega\mu\boldsymbol{H} & (2.1.2\mathrm{a})\\ \nabla\times\boldsymbol{H}=\boldsymbol{J}+\mathrm{j}\omega\boldsymbol{D}=\boldsymbol{J}+\mathrm{j}\omega\varepsilon\boldsymbol{E} & (2.1.2\mathrm{b})\\ \nabla\cdot\boldsymbol{B}=\nabla\cdot\left(\mu\boldsymbol{H}\right)=0 & (2.1.2\mathrm{c})\\ \nabla\cdot\boldsymbol{D}=\nabla\cdot\left(\varepsilon\boldsymbol{E}\right)=\rho & (2.1.2\mathrm{d})\end{cases}$$

需要注意，上式中所有物理量均是相量形式。同样也可以写出介质构成方程的相量形式。

在本书中，符号上不区分物理量和相量，具体含义读者可根据上下文推断。

2.2　时变电磁场坡印亭定理

坡印亭定理即电磁场能量守恒方程。

式(2.1.1a)点乘 $\boldsymbol{H}$，式(2.1.1b)点乘 $\boldsymbol{E}$，有

$$\boldsymbol{H}\cdot(\nabla\times\boldsymbol{E})=-\frac{\partial\boldsymbol{B}}{\partial t}\cdot\boldsymbol{H}\tag{2.2.1}$$

$$\boldsymbol{E}\cdot(\nabla\times\boldsymbol{H})=\boldsymbol{J}\cdot\boldsymbol{E}+\frac{\partial\boldsymbol{D}}{\partial t}\cdot\boldsymbol{E}\tag{2.2.2}$$

式(2.2.1)减式(2.2.2)，并利用矢量恒等式(C8)，有

$$\nabla\cdot(\boldsymbol{E}\times\boldsymbol{H})=-\boldsymbol{J}\cdot\boldsymbol{E}-\frac{\partial\boldsymbol{D}}{\partial t}\cdot\boldsymbol{E}-\frac{\partial\boldsymbol{B}}{\partial t}\cdot\boldsymbol{H}\tag{2.2.3}$$

对式(2.2.3)作体积分，并利用高斯定理，有

$$\oint_S(\boldsymbol{E}\times\boldsymbol{H})\cdot\mathrm{d}S=-\int_V\boldsymbol{J}\cdot\boldsymbol{E}\mathrm{d}V-\int_V\frac{\partial}{\partial t}\left[\frac{1}{2}\left(\boldsymbol{D}\cdot\boldsymbol{E}+\boldsymbol{B}\cdot\boldsymbol{H}\right)\right]\mathrm{d}V\tag{2.2.4}$$

记坡印亭矢量 $\boldsymbol{S}$、电源功率 P_e、电磁能密度 w 分别为

$$\boldsymbol{S}=\boldsymbol{E}\times\boldsymbol{H}\tag{2.2.5}$$

$$P_\mathrm{e}=\boldsymbol{J}\cdot\boldsymbol{E}\tag{2.2.6}$$

$$w = \frac{1}{2}(\boldsymbol{D} \cdot \boldsymbol{E} + \boldsymbol{B} \cdot \boldsymbol{H}) \tag{2.2.7}$$

式(2.2.3)和式(2.2.4)简记为

$$\nabla \cdot \boldsymbol{S} = -P_{\mathrm{e}} - \frac{\partial w}{\partial t} \tag{2.2.8}$$

$$\oint_S \boldsymbol{S} \cdot \mathrm{d}\boldsymbol{S} = -\int_V P_{\mathrm{e}} \mathrm{d}V - \int_V \frac{\partial w}{\partial t} \mathrm{d}V \tag{2.2.9}$$

2.3 时谐电磁场坡印亭定理

用与 2.2 节类似的方法可以得到时谐电磁场坡印亭定理。

式(2.1.2a)点乘 $\boldsymbol{H}^*$，有

$$\boldsymbol{H}^* \cdot (\nabla \times \boldsymbol{E}) = -\mathrm{j}\omega \boldsymbol{B} \cdot \boldsymbol{H}^* \tag{2.3.1}$$

其中，*表示复共轭。

式(2.1.2b)取复共轭，点乘 $\boldsymbol{E}$，有

$$\boldsymbol{E} \cdot (\nabla \times \boldsymbol{H}^*) = \boldsymbol{J}^* \cdot \boldsymbol{E} - \mathrm{j}\omega \boldsymbol{E} \cdot \boldsymbol{D}^* \tag{2.3.2}$$

式(2.3.1)减去式(2.3.2)，并利用矢量恒等式(C8)，有

$$\nabla \cdot (\boldsymbol{E} \times \boldsymbol{H}^*) = -\boldsymbol{J}^* \cdot \boldsymbol{E} + \mathrm{j}\omega \boldsymbol{E} \cdot \boldsymbol{D}^* - \mathrm{j}\omega \boldsymbol{B} \cdot \boldsymbol{H}^* \tag{2.3.3}$$

考虑无耗介质 $\mu^* = \mu$，$\varepsilon^* = \varepsilon$，有

$$\nabla \cdot (\boldsymbol{E} \times \boldsymbol{H}^*) = -\boldsymbol{J}^* \cdot \boldsymbol{E} + \mathrm{j}\omega\varepsilon \boldsymbol{E} \cdot \boldsymbol{E}^* - \mathrm{j}\omega\mu \boldsymbol{H} \cdot \boldsymbol{H}^* \tag{2.3.4}$$

对式(2.3.4)取实部，乘 1/2，有

$$\nabla \cdot \left[\frac{1}{2}\mathrm{Re}(\boldsymbol{E} \times \boldsymbol{H}^*)\right] = -\frac{1}{2}\mathrm{Re}(\boldsymbol{E} \cdot \boldsymbol{J}^*) \tag{2.3.5}$$

式中，$\mathrm{Re}[\cdot]$表示取实部。

记

$$\langle \boldsymbol{S} \rangle = \frac{1}{2}\mathrm{Re}\left(\boldsymbol{E} \times \boldsymbol{H}^*\right) \tag{2.3.6}$$

$$\langle P_{\mathrm{e}} \rangle = \frac{1}{2}\mathrm{Re}\left(\boldsymbol{E} \cdot \boldsymbol{J}^*\right) \tag{2.3.7}$$

式中，$\langle \boldsymbol{S} \rangle$ 为坡印亭矢量的时间平均值；$\langle P_{\mathrm{e}} \rangle$ 为电源提供的平均功率密度。

式(2.3.5)可记为

$$\nabla \cdot \langle \boldsymbol{S} \rangle = -\langle P_{\mathrm{e}} \rangle \tag{2.3.8}$$

式(2.3.5)和式(2.3.8)作体积分，并利用高斯定理，有

$$\oint_S \frac{1}{2}\mathrm{Re}\left(\boldsymbol{E} \times \boldsymbol{H}^*\right) \cdot \mathrm{d}\boldsymbol{S} = -\int_V \frac{1}{2}\mathrm{Re}(\boldsymbol{J}^* \cdot \boldsymbol{E})\mathrm{d}V \tag{2.3.9}$$

$$\oint_S \langle \boldsymbol{S} \rangle \cdot \mathrm{d}\boldsymbol{S} = -\int_V \langle P_{\mathrm{e}} \rangle \mathrm{d}V \tag{2.3.10}$$

2.4　时变电磁场动量定理

从坡印亭矢量的时间变化率和麦克斯韦方程组两个旋度方程出发，导出电磁场与电荷系统的力–动量守恒方程，从而引出电磁场的动量密度和动量流密度概念。

坡印亭矢量为

$$\boldsymbol{S} = \boldsymbol{E} \times \boldsymbol{H}$$

上式对时间 t 求偏导数并乘以 $\mu\varepsilon$ ，有

$$\mu\varepsilon \frac{\partial \boldsymbol{S}}{\partial t} = \mu\varepsilon \frac{\partial \boldsymbol{E}}{\partial t} \times \boldsymbol{H} + \mu\varepsilon \boldsymbol{E} \times \frac{\partial \boldsymbol{H}}{\partial t} \tag{2.4.1}$$

由麦克斯韦方程组中的两个旋度方程

$$\nabla \times \boldsymbol{E} = -\mu \frac{\partial \boldsymbol{H}}{\partial t}$$

$$\nabla\times\boldsymbol{H}=\boldsymbol{J}+\varepsilon\frac{\partial\boldsymbol{E}}{\partial t}$$

可以导出

$$\mu\frac{\partial\boldsymbol{H}}{\partial t}=-\nabla\times\boldsymbol{E} \tag{2.4.2}$$

$$\varepsilon\frac{\partial\boldsymbol{E}}{\partial t}=\nabla\times\boldsymbol{H}-\boldsymbol{J} \tag{2.4.3}$$

将式(2.4.2)和式(2.4.3)代入式(2.4.1)，有

$$\mu\varepsilon\frac{\partial\boldsymbol{S}}{\partial t}+\boldsymbol{J}\times\boldsymbol{B}=\mu\left(\nabla\times\boldsymbol{H}\right)\times\boldsymbol{H}+\varepsilon\left(\nabla\times\boldsymbol{E}\right)\times\boldsymbol{E} \tag{2.4.4}$$

用$\boldsymbol{E},\varepsilon\boldsymbol{E}$代替恒等式(C4)中的$\boldsymbol{A},\boldsymbol{B}$，并考虑$\nabla\cdot\boldsymbol{D}=\rho$，有

$$\varepsilon\left(\nabla\times\boldsymbol{E}\right)\times\boldsymbol{E}=-\nabla\cdot\left(\frac{1}{2}\varepsilon\boldsymbol{E}\cdot\boldsymbol{E}\boldsymbol{I}-\varepsilon\boldsymbol{E}\boldsymbol{E}\right)-\rho\boldsymbol{E} \tag{2.4.5}$$

用$\boldsymbol{H},\mu\boldsymbol{H}$代替恒等式(C4)中的$\boldsymbol{A},\boldsymbol{B}$，并考虑$\nabla\cdot\boldsymbol{B}=0$，有

$$\mu\left(\nabla\times\boldsymbol{H}\right)\times\boldsymbol{H}=-\nabla\cdot\left(\frac{1}{2}\mu\boldsymbol{H}\cdot\boldsymbol{H}\boldsymbol{I}-\mu\boldsymbol{H}\boldsymbol{H}\right) \tag{2.4.6}$$

将式(2.4.5)和式(2.4.6)代入式(2.4.4)，得到微分形式的电磁场动量定理

$$\begin{aligned}\mu\varepsilon\frac{\partial\boldsymbol{S}}{\partial t}+\rho\boldsymbol{E}+\boldsymbol{J}\times\boldsymbol{B}&=-\nabla\cdot\left[\frac{1}{2}\left(\mu\boldsymbol{H}\cdot\boldsymbol{H}+\varepsilon\boldsymbol{E}\cdot\boldsymbol{E}\right)\boldsymbol{I}-\mu\boldsymbol{H}\boldsymbol{H}-\varepsilon\boldsymbol{E}\boldsymbol{E}\right]\\&=-\nabla\cdot\left[\frac{1}{2}\left(\boldsymbol{B}\cdot\boldsymbol{H}+\boldsymbol{D}\cdot\boldsymbol{E}\right)\boldsymbol{I}-\boldsymbol{B}\boldsymbol{H}-\boldsymbol{D}\boldsymbol{E}\right]\end{aligned} \tag{2.4.7}$$

即

$$\frac{\partial}{\partial t}\left(\boldsymbol{g}_{\mathrm{f}}+\boldsymbol{g}_{\mathrm{p}}\right)=\frac{\partial\boldsymbol{g}_{\mathrm{f}}}{\partial t}+\boldsymbol{f}=-\nabla\cdot\boldsymbol{\phi} \tag{2.4.8}$$

式中，$\boldsymbol{f}$为洛伦兹力；$\boldsymbol{g}_{\mathrm{f}},\boldsymbol{g}_{\mathrm{p}}$分别为电磁场和电荷系统的动量密度；

$\boldsymbol{\phi}$为电磁场的动量流密度张量，满足

$$\boldsymbol{f}=\frac{\mathrm{d}\boldsymbol{g}_{\mathrm{p}}}{\mathrm{d}t}=\rho\boldsymbol{E}+\boldsymbol{J}\times\boldsymbol{B} \tag{2.4.9}$$

$$\boldsymbol{g}_{\mathrm{f}}=\mu\varepsilon\boldsymbol{S} \tag{2.4.10}$$

$$\boldsymbol{\phi}=\frac{1}{2}(\boldsymbol{B}\cdot\boldsymbol{H}+\boldsymbol{D}\cdot\boldsymbol{E})\boldsymbol{I}-\boldsymbol{B}\boldsymbol{H}-\boldsymbol{D}\boldsymbol{E} \tag{2.4.11}$$

用位置矢量$\boldsymbol{r}$叉乘式(2.4.8)，有

$$\frac{\partial}{\partial t}(\boldsymbol{r}\times\boldsymbol{g}_{\mathrm{f}})+\boldsymbol{r}\times\boldsymbol{f}=-\boldsymbol{r}\times\nabla\cdot\boldsymbol{\phi} \tag{2.4.12}$$

需要将式(2.4.12)右端项化为散度项。

考虑恒等式(C10)

$$-\boldsymbol{r}\times\nabla\cdot(\varphi\boldsymbol{A}\boldsymbol{B})=\nabla\cdot(\varphi\boldsymbol{A}\boldsymbol{B}\times\boldsymbol{r})+\varphi\boldsymbol{A}\times\boldsymbol{B} \tag{C10}$$

分别处理式(2.4.11)中等号右端的三项。先令$\varphi=\frac{1}{2}(\boldsymbol{B}\cdot\boldsymbol{H}+\boldsymbol{D}\cdot\boldsymbol{E})$，由于$\boldsymbol{I}=\boldsymbol{e}_x\boldsymbol{e}_x+\boldsymbol{e}_y\boldsymbol{e}_y+\boldsymbol{e}_z\boldsymbol{e}_z$，式(C10)中等号右端第二项为零。之后，令$\varphi=1$，对于均匀线性各向同性介质，并矢$\boldsymbol{B}\boldsymbol{H}$和$\boldsymbol{D}\boldsymbol{E}$同样使得式(C10)中等号右端第二项为零，因此有

$$-\boldsymbol{r}\times\nabla\cdot\boldsymbol{\phi}=\nabla\cdot(\boldsymbol{\phi}\times\boldsymbol{r}) \tag{2.4.13}$$

于是，式(2.4.13)化为

$$\frac{\partial\boldsymbol{l}}{\partial t}+\boldsymbol{r}\times\boldsymbol{f}=-\nabla\cdot\boldsymbol{R} \tag{2.4.14}$$

式中

$$\boldsymbol{l}=\boldsymbol{r}\times\boldsymbol{g}_{\mathrm{f}}=\boldsymbol{r}\times(\boldsymbol{D}\times\boldsymbol{B}) \tag{2.4.15}$$

$$\boldsymbol{R}=-\boldsymbol{\phi}\times\boldsymbol{r}=-\left[\frac{1}{2}(\boldsymbol{D}\cdot\boldsymbol{E}+\boldsymbol{B}\cdot\boldsymbol{H})\boldsymbol{I}-\boldsymbol{D}\boldsymbol{E}-\boldsymbol{B}\boldsymbol{H}\right]\times\boldsymbol{r} \tag{2.4.16}$$

分别为电磁场角动量密度和角动量流密度。

式(2.4.8)和式(2.4.14)的积分形式分别为

$$\int_V \boldsymbol{f}\mathrm{d}V + \int_V \frac{\partial \boldsymbol{g}_\mathrm{f}}{\partial t}\mathrm{d}V = -\oint_S \mathrm{d}\boldsymbol{S}\cdot\boldsymbol{\phi} \tag{2.4.17}$$

$$\int_V (\boldsymbol{r}\times\boldsymbol{f})\mathrm{d}V + \int_V \frac{\partial \boldsymbol{l}}{\partial t}\mathrm{d}V = -\oint_S \mathrm{d}\boldsymbol{S}\cdot\boldsymbol{R} \tag{2.4.18}$$

2.5　时谐电磁场动量定理

式(2.1.2b)两边同时叉乘 $\mu\boldsymbol{H}^*$，有

$$\mu(\nabla\times\boldsymbol{H})\times\boldsymbol{H}^* = \boldsymbol{J}\times\boldsymbol{B}^* + \mathrm{j}\omega\mu\varepsilon\boldsymbol{E}\times\boldsymbol{H}^* \tag{2.5.1}$$

式(2.5.1)两边取实部，并乘以 1/2，有

$$\frac{1}{2}\mathrm{Re}\left[\mu(\nabla\times\boldsymbol{H})\times\boldsymbol{H}^*\right] = \frac{1}{2}\mathrm{Re}\left(\boldsymbol{J}\times\boldsymbol{B}^*\right) + \frac{1}{2}\mathrm{Re}(\mathrm{j}\omega\mu\varepsilon\boldsymbol{E}\times\boldsymbol{H}^*) \tag{2.5.2}$$

用 $\boldsymbol{H},\mu\boldsymbol{H}^*$ 代替恒等式(C4)中的 $\boldsymbol{A},\boldsymbol{B}$，有

$$\begin{aligned}&\nabla\cdot\left(\mu\boldsymbol{H}\cdot\boldsymbol{H}^*\boldsymbol{I} - \mu\boldsymbol{H}\boldsymbol{H}^* - \mu\boldsymbol{H}^*\boldsymbol{H}\right)\\ &= \mu\boldsymbol{H}\times\left(\nabla\times\boldsymbol{H}^*\right) + \mu\boldsymbol{H}^*\times\left(\nabla\times\boldsymbol{H}\right)\end{aligned} \tag{2.5.3}$$

进一步，有

$$\frac{1}{2}\mathrm{Re}\left[\mu(\nabla\times\boldsymbol{H})\times\boldsymbol{H}^*\right] = \frac{1}{2}\mathrm{Re}[\nabla\cdot(\mu\boldsymbol{H}\boldsymbol{H}^* - \frac{1}{2}\mu\boldsymbol{H}\cdot\boldsymbol{H}^*\boldsymbol{I})] \tag{2.5.4}$$

式中，$\boldsymbol{I}$ 为单位并矢。

联合式(2.5.2)和式(2.5.4)，可知

$$\begin{aligned}&-\frac{1}{2}\mathrm{Re}\left[\nabla\cdot\left(\frac{1}{2}\mu\boldsymbol{H}\cdot\boldsymbol{H}^*\boldsymbol{I} - \mu\boldsymbol{H}\boldsymbol{H}^*\right)\right]\\ &= \frac{1}{2}\mathrm{Re}\left(\boldsymbol{J}\times\boldsymbol{B}^*\right) + \frac{1}{2}\mathrm{Re}(\mathrm{j}\omega\mu\varepsilon\boldsymbol{E}\times\boldsymbol{H}^*)\end{aligned} \tag{2.5.5}$$

式(2.1.2a)取共轭，有

$$\nabla\times\boldsymbol{E}^{*}=\mathrm{j}\omega\mu\boldsymbol{H}^{*}\tag{2.5.6}$$

用$\varepsilon\boldsymbol{E}$叉乘式(2.5.6)，有

$$\varepsilon\boldsymbol{E}\times(\nabla\times\boldsymbol{E}^{*})=\mathrm{j}\omega\mu\varepsilon\boldsymbol{E}\times\boldsymbol{H}^{*}\tag{2.5.7}$$

式(2.5.7)两边取实部，并乘以 1/2，有

$$\frac{1}{2}\mathrm{Re}\left[\varepsilon\boldsymbol{E}\times(\nabla\times\boldsymbol{E}^{*})\right]=\frac{1}{2}\mathrm{Re}(\mathrm{j}\omega\mu\varepsilon\boldsymbol{E}\times\boldsymbol{H}^{*})\tag{2.5.8}$$

用$\boldsymbol{E},\varepsilon\boldsymbol{E}^{*}$代替恒等式(C4)中的$\boldsymbol{A},\boldsymbol{B}$，有

$$\begin{aligned}&\nabla\cdot\left(\varepsilon\boldsymbol{E}\cdot\boldsymbol{E}^{*}\boldsymbol{I}-\varepsilon\boldsymbol{E}\boldsymbol{E}^{*}-\varepsilon\boldsymbol{E}^{*}\boldsymbol{E}\right)\\&=\varepsilon\boldsymbol{E}\times\left(\nabla\times\boldsymbol{E}^{*}\right)+\varepsilon\boldsymbol{E}^{*}\times\left(\nabla\times\boldsymbol{E}\right)-\varepsilon\left(\nabla\cdot\boldsymbol{E}\right)\boldsymbol{E}^{*}-\varepsilon\left(\nabla\cdot\boldsymbol{E}^{*}\right)\boldsymbol{E}\end{aligned}\tag{2.5.9}$$

进一步，有

$$\begin{aligned}&\frac{1}{2}\mathrm{Re}\left[\varepsilon\boldsymbol{E}\times\left(\nabla\times\boldsymbol{E}^{*}\right)\right]\\&=\frac{1}{2}\mathrm{Re}\left[\nabla\cdot\left(\frac{1}{2}\varepsilon\boldsymbol{E}\cdot\boldsymbol{E}^{*}\boldsymbol{I}-\varepsilon\boldsymbol{E}\boldsymbol{E}^{*}\right)\right]+\frac{1}{2}\mathrm{Re}(\rho\boldsymbol{E}^{*})\end{aligned}\tag{2.5.10}$$

联合式(2.5.8)和式(2.5.10)，可知

$$\begin{aligned}&-\frac{1}{2}\mathrm{Re}\left[\nabla\cdot\left(\frac{1}{2}\varepsilon\boldsymbol{E}\cdot\boldsymbol{E}^{*}\boldsymbol{I}-\varepsilon\boldsymbol{E}\boldsymbol{E}^{*}\right)\right]\\&=\frac{1}{2}\mathrm{Re}\left(\rho\boldsymbol{E}^{*}\right)-\frac{1}{2}\mathrm{Re}(\mathrm{j}\omega\mu\varepsilon\boldsymbol{E}\times\boldsymbol{H}^{*})\end{aligned}\tag{2.5.11}$$

式(2.5.5)和式(2.5.11)相加，微分形式的时谐电磁场动量互易定理为

$$\begin{aligned}&\frac{1}{2}\mathrm{Re}(\boldsymbol{J}\times\boldsymbol{B}^{*}+\rho\boldsymbol{E}^{*})\\&=-\nabla\cdot\left[\frac{1}{2}\mathrm{Re}\left(\frac{1}{2}\varepsilon\boldsymbol{E}\cdot\boldsymbol{E}^{*}\boldsymbol{I}-\varepsilon\boldsymbol{E}\boldsymbol{E}^{*}+\frac{1}{2}\mu\boldsymbol{H}\cdot\boldsymbol{H}^{*}\boldsymbol{I}-\mu\boldsymbol{H}\boldsymbol{H}^{*}\right)\right]\end{aligned}\tag{2.5.12}$$

参考 2.4 节处理方式，微分形式的时谐电磁场角动量互易定理为

$$
\begin{aligned}
&\frac{1}{2}\mathrm{Re}\left[\boldsymbol{r}\times(\boldsymbol{J}\times\boldsymbol{B}^{*}+\rho\boldsymbol{E}^{*})\right] \\
&=-\nabla\cdot\left\{\frac{1}{2}\mathrm{Re}\left[-\left(\frac{1}{2}\varepsilon\boldsymbol{E}\cdot\boldsymbol{E}^{*}\boldsymbol{I}-\varepsilon\boldsymbol{E}\boldsymbol{E}^{*}+\frac{1}{2}\mu\boldsymbol{H}\cdot\boldsymbol{H}^{*}\boldsymbol{I}-\mu\boldsymbol{H}\boldsymbol{H}^{*}\right)\times\boldsymbol{r}\right]\right\}
\end{aligned}
\tag{2.5.13}
$$

对式(2.5.12)和式(2.5.13)两边作体积分，并利用高斯定理，得到积分形式的时谐电磁场动量互易定理与角动量互易定理分别为

$$
\begin{aligned}
&\int_V\frac{1}{2}\mathrm{Re}\left(\boldsymbol{J}\times\boldsymbol{B}^{*}+\rho\boldsymbol{E}^{*}\right)\mathrm{d}V \\
&=-\oint_S\mathrm{d}\boldsymbol{S}\cdot\frac{1}{2}\mathrm{Re}\left(\frac{1}{2}\varepsilon\boldsymbol{E}\cdot\boldsymbol{E}^{*}\boldsymbol{I}-\varepsilon\boldsymbol{E}\boldsymbol{E}^{*}+\frac{1}{2}\mu\boldsymbol{H}\cdot\boldsymbol{H}^{*}\boldsymbol{I}-\mu\boldsymbol{H}\boldsymbol{H}^{*}\right)
\end{aligned}
\tag{2.5.14}
$$

$$
\begin{aligned}
&\int_V\frac{1}{2}\mathrm{Re}\left[\boldsymbol{r}\times(\boldsymbol{J}\times\boldsymbol{B}^{*}+\rho\boldsymbol{E}^{*})\right]\mathrm{d}V \\
&=-\oint_S\mathrm{d}\boldsymbol{S}\cdot\frac{1}{2}\mathrm{Re}\left[-\left(\frac{1}{2}\varepsilon\boldsymbol{E}\cdot\boldsymbol{E}^{*}\boldsymbol{I}-\varepsilon\boldsymbol{E}\boldsymbol{E}^{*}+\frac{1}{2}\mu\boldsymbol{H}\cdot\boldsymbol{H}^{*}\boldsymbol{I}-\mu\boldsymbol{H}\boldsymbol{H}^{*}\right)\times\boldsymbol{r}\right]
\end{aligned}
\tag{2.5.15}
$$

记

$$
\langle\boldsymbol{f}\rangle=\frac{1}{2}\mathrm{Re}(\boldsymbol{J}\times\boldsymbol{B}^{*}+\rho\boldsymbol{E}^{*})
$$

$$
\langle\boldsymbol{\phi}\rangle=\frac{1}{2}\mathrm{Re}\left(\frac{1}{2}\varepsilon\boldsymbol{E}\cdot\boldsymbol{E}^{*}\boldsymbol{I}-\varepsilon\boldsymbol{E}\boldsymbol{E}^{*}+\frac{1}{2}\mu\boldsymbol{H}\cdot\boldsymbol{H}^{*}\boldsymbol{I}-\mu\boldsymbol{H}\boldsymbol{H}^{*}\right)
$$

$$
\langle\boldsymbol{l}\rangle=\langle\boldsymbol{r}\times\boldsymbol{f}\rangle=\frac{1}{2}\mathrm{Re}\left[\boldsymbol{r}\times(\boldsymbol{J}\times\boldsymbol{B}^{*}+\rho\boldsymbol{E}^{*})\right]
$$

$$
\langle\boldsymbol{R}\rangle=\frac{1}{2}\mathrm{Re}\left[-\left(\frac{1}{2}\varepsilon\boldsymbol{E}\cdot\boldsymbol{E}^{*}\boldsymbol{I}-\varepsilon\boldsymbol{E}\boldsymbol{E}^{*}+\frac{1}{2}\mu\boldsymbol{H}\cdot\boldsymbol{H}^{*}\boldsymbol{I}-\mu\boldsymbol{H}\boldsymbol{H}^{*}\right)\times\boldsymbol{r}\right]
$$

分别为洛伦兹力、电磁场动量流密度、电磁力矩和电磁角动量流密度在一个周期内的平均值。

式(2.5.12)～式(2.5.15)可简记为

$$\langle \boldsymbol{f} \rangle = -\nabla \cdot \langle \boldsymbol{\phi} \rangle \tag{2.5.16}$$

$$\langle \boldsymbol{l} \rangle = -\nabla \cdot \langle \boldsymbol{R} \rangle \tag{2.5.17}$$

$$\int_V \langle \boldsymbol{f} \rangle \mathrm{d}V = -\oint_S \mathrm{d}\boldsymbol{S} \cdot \langle \boldsymbol{\phi} \rangle \tag{2.5.18}$$

$$\int_V \langle \boldsymbol{l} \rangle \mathrm{d}V = -\oint_S \mathrm{d}\boldsymbol{S} \cdot \langle \boldsymbol{R} \rangle \tag{2.5.19}$$

2.6 对偶原理

在稳态电磁场中，电场的源是静止的电荷，磁场的源是恒定电流。那么是否存在静止的磁荷产生磁场，恒定的磁流产生电场呢?电流和电荷是产生电磁场的唯一源。但是，在理论上引入假想的磁荷和磁流概念，将一部分原本是电荷和电流产生的电磁场用能够产生同样电磁场的等效磁荷和等效磁流代替，即将“电源”换成“磁源”，有时可以大大简化计算工作量。稳态电磁场具有这种特性，时变电磁场也具有这种特性。

引入假想的磁荷和磁流概念之后，磁荷和磁流也产生电磁场，将对称形式的麦克斯韦方程组分为电性源产生的电磁场方程和磁性源产生的电磁场方程。

对于无耗介质，有

电性源　　　　磁性源

$$\begin{cases} \nabla \times \boldsymbol{E} = -\dfrac{\partial \boldsymbol{B}}{\partial t} \\ \nabla \times \boldsymbol{H} = \boldsymbol{J} + \dfrac{\partial \boldsymbol{D}}{\partial t} \\ \nabla \cdot \boldsymbol{D} = \rho \\ \nabla \cdot \boldsymbol{B} = 0 \end{cases} \qquad \begin{cases} \nabla \times \boldsymbol{H} = \dfrac{\partial \boldsymbol{D}}{\partial t} \\ \nabla \times \boldsymbol{E} = -\boldsymbol{K} - \dfrac{\partial \boldsymbol{B}}{\partial t} \\ \nabla \cdot \boldsymbol{B} = \rho_{\mathrm{m}} \\ \nabla \cdot \boldsymbol{D} = 0 \end{cases}$$

其中，$\boldsymbol{K}$ 为磁流密度；ρ_{m} 为磁荷密度。

这两组方程满足对偶关系。为了明显地表示这种对应关系，将方程顺序进行了调整。

类比电性源与磁性源，很容易得到如下对偶关系：

$$\begin{cases} \boldsymbol{E}\to\boldsymbol{H} \\ -\boldsymbol{B}\to\boldsymbol{D} \end{cases},\quad \begin{cases} \boldsymbol{H}\to\boldsymbol{E} \\ \boldsymbol{J}\to-\boldsymbol{K} \end{cases},\quad \begin{cases} \boldsymbol{D}\to-\boldsymbol{B} \\ \rho\to-\rho_{\mathrm{m}} \end{cases},\quad \begin{cases} \mu\to-\varepsilon \\ \varepsilon\to-\mu \end{cases}$$

这种对应关系称为电磁场的对偶原理。

如果有两个问题，第一个问题是满足电性源麦克斯韦方程组和相应的边界条件，第二个问题是满足磁性源麦克斯韦方程组和相应的边界条件，按照对偶关系作对偶量代换，可由第一个问题的解得到第二个问题的解，反之亦然。

2.7 时 间 反 转

事实上，麦克斯韦方程组可以有两种解，一种是滞后解(也称滞后波)，另一种是超前解(也称超前波)。滞后波表示从源出发，向外传播出去的波。滞后波是从当前时间发送到未来时间，符合传统的因果律，是物理学中常见的波。超前波表示向源收缩的波。超前波的能量与波的传播方向相反，是从当前时间发送到过去时间的波，违背了传统的因果律。然而，许多物理学家，包括阿尔伯特 · 爱因斯坦，约翰阿奇博尔德 · 惠勒和理查德 · 费曼等均认为超前波是物理学中的真实现象。

对麦克斯韦方程组和洛伦兹力，作 $t\to-t$ 变换，若

$$\boldsymbol{E}\to\boldsymbol{E},\quad \boldsymbol{D}\to\boldsymbol{D},\quad \boldsymbol{B}\to-\boldsymbol{B},\quad \boldsymbol{H}\to-\boldsymbol{H},\quad \boldsymbol{J}\to-\boldsymbol{J},\quad \rho\to\rho,\quad \boldsymbol{v}\to-\boldsymbol{v}$$

则麦克斯韦方程组和洛伦兹力的形式不变,这种变换称为时间反转。

设 $\boldsymbol{J}(\boldsymbol{r},t),\boldsymbol{K}(\boldsymbol{r},t),\rho(\boldsymbol{r},t),\rho_{\mathrm{m}}(\boldsymbol{r},t)$ 是激励源，$\boldsymbol{E}(\boldsymbol{r},t),\boldsymbol{B}(\boldsymbol{r},t),\boldsymbol{H}(\boldsymbol{r},t)$ 和 $\boldsymbol{D}(\boldsymbol{r},t)$ 是麦克斯韦方程组的时域滞后解。对时域滞后解进行时间反转后可以得到麦克斯韦方程组的时域超前解。将麦克斯韦方程组时域的超前解(包括源)记为 $\bar{\boldsymbol{E}},\bar{\boldsymbol{B}},\bar{\boldsymbol{H}},\bar{\boldsymbol{D}},\bar{\boldsymbol{J}},\bar{\boldsymbol{K}},\bar{\rho},\bar{\rho}_{\mathrm{m}}$，即

$$\bar{\boldsymbol{E}}=\boldsymbol{E}(\boldsymbol{r},-t),\ \bar{\boldsymbol{B}}=-\boldsymbol{B}(\boldsymbol{r},-t),\ \bar{\boldsymbol{H}}=-\boldsymbol{H}(\boldsymbol{r},-t),\ \bar{\boldsymbol{D}}=\boldsymbol{D}(\boldsymbol{r},-t)$$

$$\bar{\boldsymbol{J}}=-\boldsymbol{J}(\boldsymbol{r},-t),\ \bar{\boldsymbol{K}}=\boldsymbol{K}(\boldsymbol{r},-t),\ \bar{\rho}=\rho(\boldsymbol{r},-t),\ \bar{\rho}_{\mathrm{m}}=\rho_{\mathrm{m}}(\boldsymbol{r},-t)$$

滞后解满足的时域麦克斯韦方程组为

$$\begin{cases}\nabla\times\boldsymbol{E}(\boldsymbol{r},t)=-\boldsymbol{K}(\boldsymbol{r},t)-\dfrac{\partial\boldsymbol{B}(\boldsymbol{r},t)}{\partial t}\\ \nabla\times\boldsymbol{H}(\boldsymbol{r},t)=\boldsymbol{J}(\boldsymbol{r},t)+\dfrac{\partial\boldsymbol{D}(\boldsymbol{r},t)}{\partial t}\\ \nabla\cdot\boldsymbol{B}(\boldsymbol{r},t)=\rho_{\mathrm{m}}(\boldsymbol{r},t)\\ \nabla\cdot\boldsymbol{D}(\boldsymbol{r},t)=\rho(\boldsymbol{r},t)\end{cases}\tag{2.7.1}$$

超前解满足的时域麦克斯韦方程组为

$$\begin{cases}\nabla\times\overline{\boldsymbol{E}}=-\overline{\boldsymbol{K}}-\dfrac{\partial\overline{\boldsymbol{B}}}{\partial t}\\ \nabla\times\overline{\boldsymbol{H}}=\overline{\boldsymbol{J}}+\dfrac{\partial\overline{\boldsymbol{D}}}{\partial t}\\ \nabla\cdot\overline{\boldsymbol{B}}=\overline{\rho}_{\mathrm{m}}\\ \nabla\cdot\overline{\boldsymbol{D}}=\overline{\rho}\end{cases}\tag{2.7.2}$$

亦即

$$\begin{cases}\nabla\times\left[\boldsymbol{E}(\boldsymbol{r},-t)\right]=-[\boldsymbol{K}(\boldsymbol{r},-t)]-\dfrac{\partial}{\partial t}[-\boldsymbol{B}(\boldsymbol{r},-t)]\\ \nabla\times\left[-\boldsymbol{H}(\boldsymbol{r},-t)\right]=[-\boldsymbol{J}(\boldsymbol{r},-t)]+\dfrac{\partial}{\partial t}[\boldsymbol{D}(\boldsymbol{r},-t)]\\ \nabla\cdot\left[-\boldsymbol{B}(\boldsymbol{r},-t)\right]=[-\rho_{\mathrm{m}}(\boldsymbol{r},-t)]\\ \nabla\cdot[\boldsymbol{D}(\boldsymbol{r},-t)]=\rho(\boldsymbol{r},-t)\end{cases}\tag{2.7.3}$$

滞后解满足的洛伦兹力公式为

$$\boldsymbol{F}(\boldsymbol{r},t)=\rho(\boldsymbol{r},t)[\boldsymbol{E}(\boldsymbol{r},t)+\boldsymbol{v}(\boldsymbol{r},t)\times\boldsymbol{B}(\boldsymbol{r},t)]\tag{2.7.4}$$

超前解满足的洛伦兹力公式为

$$\overline{\boldsymbol{F}}=\overline{\rho}[\overline{\boldsymbol{E}}+\overline{\boldsymbol{v}}\times\overline{\boldsymbol{B}}]\tag{2.7.5}$$

$$\boldsymbol{F}(\boldsymbol{r},-t)=\rho(\boldsymbol{r},-t)\left\{\boldsymbol{E}(\boldsymbol{r},-t)+\left[-\boldsymbol{v}(\boldsymbol{r},-t)\right]\times\left[-\boldsymbol{B}(\boldsymbol{r},-t)\right]\right\}\tag{2.7.6}$$

第 3 章　能量型方程

洛伦兹互易定理(Lorentz's reciprocity theorem)在很多经典的教科书中都有描述，是电磁理论中最有用的定理之一，电路理论中的互易定理是电磁场洛伦兹互易定理的特殊情况。洛伦兹互易定理对于时谐场和任意时变场都是适用的。

洛伦兹互易定理简洁易用，颇具魅力，以至于对它的各种扩展常常被它的光辉所掩盖，甚至被“遗失”或被重新发现，本章重点阐述这些新的扩展。

目前的互易定理与电磁场能量守恒定理紧密相关，可以表达两个场源的“反应”，具有功率密度的量纲，当源或场任选其一取复共轭时，可以表达复功率的概念。因此可以认为，现有的互易定理是一种“能量型”互易定理，反映的是两个场源之间“能量”的相互作用关系。

3.1　洛伦兹频域互易方程

闭合曲面上的频域互易方程是由洛伦兹(Lorentz, 1896)首先提出的。假定电磁场$(\boldsymbol{E}_1,\boldsymbol{H}_1)$和电磁场$(\boldsymbol{E}_2,\boldsymbol{H}_2)$分别是由曲面内的电流源$\boldsymbol{J}_1$和$\boldsymbol{J}_2$产生的两个辐射场。洛伦兹导出如下形式的互易定理：

$$\oint_S \left(\boldsymbol{E}_1\times\boldsymbol{H}_2-\boldsymbol{E}_2\times\boldsymbol{H}_1\right)\cdot \mathrm{d}\boldsymbol{S}=0$$

注意，上面强调两个电磁场都是辐射场，其实是说这两个场都必须是滞后波。如果其中一个是超前波，另一个是滞后波，则上述曲面积分不为零。

我们把如下方程称为一般形式的洛伦兹互易定理：

$$\oint_S \left(\boldsymbol{E}_1\times\boldsymbol{H}_2-\boldsymbol{E}_2\times\boldsymbol{H}_1\right)\cdot \mathrm{d}\boldsymbol{S}=\int_V (\boldsymbol{J}_1\cdot\boldsymbol{E}_2-\boldsymbol{J}_2\cdot\boldsymbol{E}_1)\mathrm{d}V$$

其推导过程如下：

频域麦克斯韦方程为

$$\nabla\times\boldsymbol{E}_1=-\mathrm{j}\omega\boldsymbol{B}_1 \tag{3.1.1}$$

$$\nabla\times\boldsymbol{H}_2=\boldsymbol{J}_2+\mathrm{j}\omega\boldsymbol{D}_2 \tag{3.1.2}$$

式(3.1.1)点乘 $\boldsymbol{H}_2$，式(3.1.2)点乘 $\boldsymbol{E}_1$，有

$$\boldsymbol{H}_2\cdot(\nabla\times\boldsymbol{E}_1)=-\mathrm{j}\omega\boldsymbol{B}_1\cdot\boldsymbol{H}_2 \tag{3.1.3}$$

$$\boldsymbol{E}_1\cdot(\nabla\times\boldsymbol{H}_2)=\boldsymbol{J}_2\cdot\boldsymbol{E}_1+\mathrm{j}\omega\boldsymbol{E}_1\cdot\boldsymbol{D}_2 \tag{3.1.4}$$

式(3.1.3)减式(3.1.4)，并利用矢量恒等式(C8)，有

$$\begin{aligned}\nabla\cdot\left(\boldsymbol{E}_1\times\boldsymbol{H}_2\right)&=-\boldsymbol{J}_2\cdot\boldsymbol{E}_1-\mathrm{j}\omega\boldsymbol{E}_1\cdot\boldsymbol{D}_2-\mathrm{j}\omega\boldsymbol{B}_1\cdot\boldsymbol{H}_2\\&=-\boldsymbol{J}_2\cdot\boldsymbol{E}_1-\mathrm{j}\omega\varepsilon\boldsymbol{E}_2\cdot\boldsymbol{E}_1-\mathrm{j}\omega\mu\boldsymbol{H}_1\cdot\boldsymbol{H}_2\end{aligned} \tag{3.1.5}$$

同理有

$$\nabla\cdot\left(\boldsymbol{E}_2\times\boldsymbol{H}_1\right)=-\boldsymbol{J}_1\cdot\boldsymbol{E}_2-\mathrm{j}\omega\varepsilon\boldsymbol{E}_1\cdot\boldsymbol{E}_2-\mathrm{j}\omega\mu\boldsymbol{H}_1\cdot\boldsymbol{H}_2 \tag{3.1.6}$$

式(3.1.5)减式(3.1.6)，有

$$\nabla\cdot\left(\boldsymbol{E}_1\times\boldsymbol{H}_2-\boldsymbol{E}_2\times\boldsymbol{H}_1\right)=\boldsymbol{J}_1\cdot\boldsymbol{E}_2-\boldsymbol{J}_2\cdot\boldsymbol{E}_1 \tag{3.1.7}$$

对式(3.1.7)作体积分，并利用高斯定理，有

$$\oint_S\left(\boldsymbol{E}_1\times\boldsymbol{H}_2-\boldsymbol{E}_2\times\boldsymbol{H}_1\right)\cdot\mathrm{d}\boldsymbol{S}=\int_V(\boldsymbol{J}_1\cdot\boldsymbol{E}_2-\boldsymbol{J}_2\cdot\boldsymbol{E}_1)\mathrm{d}V \tag{3.1.8}$$

式(3.1.8)即为频域互易方程。其中表达式$\left(\boldsymbol{J}_1\cdot\boldsymbol{E}_2\right)$和$\left(\boldsymbol{J}_2\cdot\boldsymbol{E}_1\right)$分别称为源 1 对场 2 的反应(也称相互作用)和源 2 对场 1 的反应，反应具有功率密度的量纲。

3.2　频域互能方程

本节推导两个场源之间具有实际物理意义的互复功率关系方程，即互能方程。互能方程是关于电磁场的能量传输的电磁场定理，

表达两个场源之间相互作用的能量的关系，可用于解决发射天线到接收天线的能量传输及天线的方向图、球面波展开等问题(赵双任，1987)。

频域互能方程推导过程如下：

麦克斯韦方程为

$$\nabla\times\boldsymbol{E}_1=-\mathrm{j}\omega\boldsymbol{B}_1 \tag{3.2.1}$$

$$\nabla\times\boldsymbol{H}_2^*=\boldsymbol{J}_2^*-\mathrm{j}\omega\boldsymbol{D}_2^* \tag{3.2.2}$$

式(3.2.1)点乘 $\boldsymbol{H}_2^*$，式(3.2.2)点乘 $\boldsymbol{E}_1$，有

$$\boldsymbol{H}_2^*\cdot(\nabla\times\boldsymbol{E}_1)=-\mathrm{j}\omega\boldsymbol{B}_1\cdot\boldsymbol{H}_2^* \tag{3.2.3}$$

$$\boldsymbol{E}_1\cdot(\nabla\times\boldsymbol{H}_2^*)=\boldsymbol{J}_2^*\cdot\boldsymbol{E}_1-\mathrm{j}\omega\boldsymbol{E}_1\cdot\boldsymbol{D}_2^* \tag{3.2.4}$$

式(3.2.3)减式(3.2.4)，并利用矢量恒等式(C8)，有

$$\nabla\cdot(\boldsymbol{E}_1\times\boldsymbol{H}_2^*)=-\boldsymbol{J}_2^*\cdot\boldsymbol{E}_1+\mathrm{j}\omega\boldsymbol{E}_1\cdot\boldsymbol{D}_2^*-\mathrm{j}\omega\boldsymbol{B}_1\cdot\boldsymbol{H}_2^* \tag{3.2.5}$$

考虑无耗介质 $\mu^*=\mu$，$\varepsilon^*=\varepsilon$，有

$$\nabla\cdot(\boldsymbol{E}_1\times\boldsymbol{H}_2^*)=-\boldsymbol{J}_2^*\cdot\boldsymbol{E}_1+\mathrm{j}\omega\varepsilon\boldsymbol{E}_1\cdot\boldsymbol{E}_2^*-\mathrm{j}\omega\mu\boldsymbol{H}_1\cdot\boldsymbol{H}_2^* \tag{3.2.6}$$

同理

$$\nabla\times\boldsymbol{E}_2^*=\mathrm{j}\omega\mu\boldsymbol{H}_2^* \tag{3.2.7}$$

$$\nabla\times\boldsymbol{H}_1=\boldsymbol{J}_1+\mathrm{j}\omega\boldsymbol{D}_1 \tag{3.2.8}$$

式(3.2.7)点乘 $\boldsymbol{H}_1$，式(3.2.8)点乘 $\boldsymbol{E}_2^*$，有

$$\boldsymbol{H}_1\cdot(\nabla\times\boldsymbol{E}_2^*)=\mathrm{j}\omega\mu\boldsymbol{H}_1\cdot\boldsymbol{H}_2^* \tag{3.2.9}$$

$$\boldsymbol{E}_2^*\cdot(\nabla\times\boldsymbol{H}_1)=\boldsymbol{J}_1\cdot\boldsymbol{E}_2^*+\mathrm{j}\omega\varepsilon\boldsymbol{E}_1\cdot\boldsymbol{E}_2^* \tag{3.2.10}$$

式(3.2.9)减式(3.2.10)，有

$$\nabla\cdot\left(\boldsymbol{E}_2^*\times\boldsymbol{H}_1\right)=-\boldsymbol{J}_1\cdot\boldsymbol{E}_2^*-\mathrm{j}\omega\varepsilon\boldsymbol{E}_1\cdot\boldsymbol{E}_2^*+\mathrm{j}\omega\mu\boldsymbol{H}_1\cdot\boldsymbol{H}_2^* \tag{3.2.11}$$

式(3.2.6)和式(3.2.11)相加，有

$$-\nabla\cdot(\boldsymbol{E}_2^*\times\boldsymbol{H}_1+\boldsymbol{E}_1\times\boldsymbol{H}_2^*)=\boldsymbol{J}_2^*\cdot\boldsymbol{E}_1+\boldsymbol{J}_1\cdot\boldsymbol{E}_2^* \tag{3.2.12}$$

对式(3.2.12)作体积分，并利用高斯定理，有

$$-\oint_S(\boldsymbol{E}_2^*\times\boldsymbol{H}_1+\boldsymbol{E}_1\times\boldsymbol{H}_2^*)\cdot\mathrm{d}\boldsymbol{S}=\int_V(\boldsymbol{J}_2^*\cdot\boldsymbol{E}_1+\boldsymbol{J}_1\cdot\boldsymbol{E}_2^*)\mathrm{d}V \tag{3.2.13a}$$

式(3.2.13a)两边取实部，并乘 1/2，则有

$$-\oint_S\frac{1}{2}\mathrm{Re}(\boldsymbol{E}_2^*\times\boldsymbol{H}_1+\boldsymbol{E}_1\times\boldsymbol{H}_2^*)\cdot\mathrm{d}\boldsymbol{S}=\int_V\frac{1}{2}\mathrm{Re}(\boldsymbol{J}_2^*\cdot\boldsymbol{E}_1+\boldsymbol{J}_1\cdot\boldsymbol{E}_2^*)\mathrm{d}V \tag{3.2.13b}$$

需要说明的是，式(3.2.13b)是有明确物理意义的，其中每一项表达的均是时间周期平均值。为了便于叙述，在不引起混淆的情况下，并不严格区分式(3.2.13a)和式(3.2.13b)，它们均称为频域互能方程。

式(3.2.13b)中$\frac{1}{2}\mathrm{Re}(\boldsymbol{J}_2^*\cdot\boldsymbol{E}_1+\boldsymbol{J}_1\cdot\boldsymbol{E}_2^*)$与能量守恒定理(或坡印亭定理)中互能项相关，可以表示两个场源之间的互复功率。

若取$\boldsymbol{J}_1=\boldsymbol{J}_2$的特殊形式，则式(3.2.13a)可化为

$$-\oint_S\left(\boldsymbol{E}^*\times\boldsymbol{H}+\boldsymbol{E}\times\boldsymbol{H}^*\right)\cdot\mathrm{d}\boldsymbol{S}=\int_V\left(\boldsymbol{J}^*\cdot\boldsymbol{E}+\boldsymbol{J}\cdot\boldsymbol{E}^*\right)\mathrm{d}V \tag{3.2.14}$$

即

$$\oint_S\frac{1}{2}\mathrm{Re}\left(\boldsymbol{E}\times\boldsymbol{H}^*\right)\cdot\mathrm{d}\boldsymbol{S}=-\int_V\frac{1}{2}\mathrm{Re}\left(\boldsymbol{J}^*\cdot\boldsymbol{E}\right)\mathrm{d}V \tag{3.2.15}$$

式(3.2.15)与式(2.3.9)是一致的，这说明频域互能定理重新阐释了能量守恒定理，即在无耗介质区域中，电流源提供的平均功率等于区域闭合面的平均能流。

对两个滞后波中的一个取共轭后，相当于将这个滞后波变成了超前波。可以证明，对于滞后波$(\boldsymbol{E}_1,\boldsymbol{H}_1)$和超前波$(\boldsymbol{E}_2^*,\boldsymbol{H}_2^*)$，下面的面积分为零。

$$\oint_S \left(\boldsymbol{E}_1 \times \boldsymbol{H}_2^* + \boldsymbol{E}_2^* \times \boldsymbol{H}_1\right) \cdot \mathrm{d}\boldsymbol{S} = 0 \tag{3.2.16}$$

因此式(3.2.13a)等价为

$$\int_V (\boldsymbol{J}_1 \cdot \boldsymbol{E}_2^* + \boldsymbol{J}_2^* \cdot \boldsymbol{E}_1)\mathrm{d}V = 0 \tag{3.2.17}$$

假设 $\boldsymbol{J}_1 = \boldsymbol{J}_1(t)$ 在体积 V_1 内，$\boldsymbol{J}_2 = \boldsymbol{J}_2(t)$ 在体积 V_2 内，且 V_1 和 V_2 在 V 内，则有如下形式的电磁场互能定理：

$$\int_{V_1} \boldsymbol{J}_1 \cdot \boldsymbol{E}_2^* \mathrm{d}V_1 = -\int_{V_2} \boldsymbol{J}_2^* \cdot \boldsymbol{E}_1 \mathrm{d}V_2 \tag{3.2.18}$$

上式表明，电流源 $\boldsymbol{J}_1$ 对电场 $\boldsymbol{E}_2$ 输出的功率与电流源 $\boldsymbol{J}_2$ 从电场 $\boldsymbol{E}_1$ 接收到的功率是一样的。

3.3　时域互易方程

3.1 节和 3.2 节给出了频域互易方程和频域互能方程，两者形式简洁，具有较为广泛的应用范围。

“时域卷积型互易定理”即时域互易定理，由 De Hoop 导出(De Hoop, 1987)。为便于读者理解，本节从麦克斯韦方程组出发，对时域互易定理重新进行推导，并采用一些特殊符号，使推导过程形式更加简洁，本节引入的⊙,⊗等卷积运算符号的定义及运算法则见附录 A。推导过程如下：

设有两个电流源，即 $\boldsymbol{J}_1 = \boldsymbol{J}_1(\boldsymbol{r},t), \boldsymbol{J}_2 = \boldsymbol{J}_2(\boldsymbol{r},t)$，它们的电磁场为 $\boldsymbol{E}_1 = \boldsymbol{E}_1(\boldsymbol{r},t), \boldsymbol{H}_1 = \boldsymbol{H}_1(\boldsymbol{r},t)$ 和 $\boldsymbol{E}_2 = \boldsymbol{E}_2(\boldsymbol{r},t), \boldsymbol{H}_2 = \boldsymbol{H}_2(\boldsymbol{r},t)$，由法拉第电磁感应定律

$$\nabla \times \boldsymbol{E}_2 = -\frac{\partial \boldsymbol{B}_2}{\partial t} \tag{3.3.1}$$

对式(3.3.1)两端与 $\boldsymbol{H}_1$ 作点卷积运算，有

$$(\nabla \times \boldsymbol{E}_2) \odot \boldsymbol{H}_1 = -\boldsymbol{H}_1 \odot \frac{\partial \boldsymbol{B}_2}{\partial t} \tag{3.3.2}$$

安培定律为

$$\nabla \times \boldsymbol{H}_1 = \boldsymbol{J}_1 + \frac{\partial \boldsymbol{D}_1}{\partial t} \tag{3.3.3}$$

对式(3.3.3)两端与 $\boldsymbol{E}_2$ 作点卷积运算，有

$$(\nabla \times \boldsymbol{H}_1) \odot \boldsymbol{E}_2 = \boldsymbol{J}_1 \odot \boldsymbol{E}_2 + \frac{\partial \boldsymbol{D}_1}{\partial t} \odot \boldsymbol{E}_2 \tag{3.3.4}$$

式(3.3.2)和式(3.3.4)相减，有

$$\left(\nabla \times \boldsymbol{E}_2\right) \odot \boldsymbol{H}_1 - \left(\nabla \times \boldsymbol{H}_1\right) \odot \boldsymbol{E}_2 = -\boldsymbol{J}_1 \odot \boldsymbol{E}_2 - \boldsymbol{H}_1 \odot \frac{\partial \boldsymbol{B}_2}{\partial t} - \frac{\partial \boldsymbol{D}_1}{\partial t} \odot \boldsymbol{E}_2 \tag{3.3.5}$$

利用矢量恒等式(C8)，式(3.3.5)可化为

$$\nabla \cdot \left(\boldsymbol{E}_2 \otimes \boldsymbol{H}_1\right) = -\boldsymbol{J}_1 \odot \boldsymbol{E}_2 - \boldsymbol{H}_1 \odot \frac{\partial \boldsymbol{B}_2}{\partial t} - \frac{\partial \boldsymbol{D}_1}{\partial t} \odot \boldsymbol{E}_2 \tag{3.3.6}$$

同理有

$$\nabla \cdot \left(\boldsymbol{E}_1 \otimes \boldsymbol{H}_2\right) = -\boldsymbol{J}_2 \odot \boldsymbol{E}_1 - \boldsymbol{H}_2 \odot \frac{\partial \boldsymbol{B}_1}{\partial t} - \frac{\partial \boldsymbol{D}_2}{\partial t} \odot \boldsymbol{E}_1 \tag{3.3.7}$$

式(3.3.7)减式(3.3.6)，并利用

$$\frac{\partial \boldsymbol{D}_1}{\partial t} \odot \boldsymbol{E}_2 = \frac{\partial \boldsymbol{D}_2}{\partial t} \odot \boldsymbol{E}_1$$

$$\boldsymbol{H}_2 \odot \frac{\partial \boldsymbol{B}_1}{\partial t} = \boldsymbol{H}_1 \odot \frac{\partial \boldsymbol{B}_2}{\partial t}$$

有

$$\nabla \cdot \left(\boldsymbol{E}_1 \otimes \boldsymbol{H}_2 - \boldsymbol{E}_2 \otimes \boldsymbol{H}_1\right) = \boldsymbol{J}_1 \odot \boldsymbol{E}_2 - \boldsymbol{J}_2 \odot \boldsymbol{E}_1 \tag{3.3.8}$$

对式(3.3.8)作体积分，并利用高斯定理，有

$$\oint_S \left(\boldsymbol{E}_1 \otimes \boldsymbol{H}_2 - \boldsymbol{E}_2 \otimes \boldsymbol{H}_1\right) \cdot \mathrm{d}\boldsymbol{S} = \int_V (\boldsymbol{J}_1 \odot \boldsymbol{E}_2 - \boldsymbol{J}_2 \odot \boldsymbol{E}_1) \mathrm{d}V \tag{3.3.9}$$

式(3.3.9)即为时域互易方程。

3.4　时域互能方程

瞬态麦克斯韦方程为

$$\nabla \times \boldsymbol{E}_2 = -\frac{\partial \boldsymbol{B}_2}{\partial t} \tag{3.4.1}$$

$$\nabla \times \boldsymbol{H}_1 = \boldsymbol{J}_1 + \frac{\partial \boldsymbol{D}_1}{\partial t} \tag{3.4.2}$$

式(3.4.1)点乘 $\boldsymbol{H}_1$，式(3.4.2)点乘 $\boldsymbol{E}_2$，有

$$\boldsymbol{H}_1 \cdot (\nabla \times \boldsymbol{E}_2) = -\frac{\partial \boldsymbol{B}_2}{\partial t} \cdot \boldsymbol{H}_1 \tag{3.4.3}$$

$$\boldsymbol{E}_2 \cdot (\nabla \times \boldsymbol{H}_1) = \boldsymbol{J}_1 \cdot \boldsymbol{E}_2 + \frac{\partial \boldsymbol{D}_1}{\partial t} \cdot \boldsymbol{E}_2 \tag{3.4.4}$$

式(3.4.3)减式(3.4.4)，利用矢量恒等式(C8)，有

$$\nabla \cdot (\boldsymbol{E}_2 \times \boldsymbol{H}_1) = -\boldsymbol{J}_1 \cdot \boldsymbol{E}_2 - \frac{\partial \boldsymbol{D}_1}{\partial t} \cdot \boldsymbol{E}_2 - \frac{\partial \boldsymbol{B}_2}{\partial t} \cdot \boldsymbol{H}_1 \tag{3.4.5}$$

同理

$$\nabla \cdot (\boldsymbol{E}_1 \times \boldsymbol{H}_2) = -\boldsymbol{J}_2 \cdot \boldsymbol{E}_1 - \frac{\partial \boldsymbol{D}_2}{\partial t} \cdot \boldsymbol{E}_1 - \frac{\partial \boldsymbol{B}_1}{\partial t} \cdot \boldsymbol{H}_2 \tag{3.4.6}$$

式(3.4.5)和式(3.4.6)相加，并考虑 $\boldsymbol{D}_1 = \varepsilon \boldsymbol{E}_1$，$\boldsymbol{D}_2 = \varepsilon \boldsymbol{E}_2$，$\boldsymbol{B}_1 = \mu \boldsymbol{H}_1$，$\boldsymbol{B}_2 = \mu \boldsymbol{H}_2$，有

$$\frac{\partial \boldsymbol{D}_1}{\partial t} \cdot \boldsymbol{E}_2 + \frac{\partial \boldsymbol{D}_2}{\partial t} \cdot \boldsymbol{E}_1 = \frac{\partial}{\partial t}(\boldsymbol{D}_1 \cdot \boldsymbol{E}_2)$$

$$\frac{\partial \boldsymbol{B}_1}{\partial t} \cdot \boldsymbol{H}_2 + \frac{\partial \boldsymbol{B}_2}{\partial t} \cdot \boldsymbol{H}_1 = \frac{\partial}{\partial t}(\boldsymbol{B}_1 \cdot \boldsymbol{H}_2)$$

进一步

$$
\begin{aligned}
&-\nabla\cdot(\boldsymbol{E}_1\times\boldsymbol{H}_2+\boldsymbol{E}_2\times\boldsymbol{H}_1)\\
&=\boldsymbol{J}_1\cdot\boldsymbol{E}_2+\boldsymbol{J}_2\cdot\boldsymbol{E}_1+\frac{\partial}{\partial t}(\boldsymbol{D}_1\cdot\boldsymbol{E}_2+\boldsymbol{B}_1\cdot\boldsymbol{H}_2)
\end{aligned}
\tag{3.4.7}
$$

对式(3.4.7)积分，有

$$
\begin{aligned}
&\int_V\left(\boldsymbol{J}_1\cdot\boldsymbol{E}_2+\boldsymbol{J}_2\cdot\boldsymbol{E}_1\right)\mathrm{d}V+\int_V\frac{\partial}{\partial t}(\boldsymbol{D}_1\cdot\boldsymbol{E}_2+\boldsymbol{B}_1\cdot\boldsymbol{H}_2)\mathrm{d}V\\
&=-\oint_S(\boldsymbol{E}_1\times\boldsymbol{H}_2+\boldsymbol{E}_2\times\boldsymbol{H}_1)\cdot\mathrm{d}\boldsymbol{S}
\end{aligned}
\tag{3.4.8}
$$

式(3.4.7)和式(3.4.8)即为时域互能方程。

下面分析时域互能方程与频域互能方程的关系。

若两个电磁场均为时谐场，设 $\boldsymbol{D}_1=\boldsymbol{D}_0\cos(\omega t+\phi_1)$ ，$\boldsymbol{E}_2=\boldsymbol{E}_0\cos(\omega t+\phi_2)$, $\boldsymbol{B}_1=\boldsymbol{B}_0\cos(\omega t+\phi_1)$, $\boldsymbol{H}_2=\boldsymbol{H}_0\cos(\omega t+\phi_2)$, 下面对 $\frac{\partial}{\partial t}(\boldsymbol{D}_1\cdot\boldsymbol{E}_2+\boldsymbol{B}_1\cdot\boldsymbol{H}_2)$ 取周期平均，有

$$
\begin{aligned}
&\frac{1}{T}\int_0^T\frac{\partial}{\partial t}(\boldsymbol{D}_1\cdot\boldsymbol{E}_2+\boldsymbol{B}_1\cdot\boldsymbol{H}_2)\mathrm{d}t\\
&=\frac{1}{2T}(\boldsymbol{D}_0\cdot\boldsymbol{E}_0+\boldsymbol{B}_0\cdot\boldsymbol{H}_0)\int_0^T\frac{\partial}{\partial t}\left[\cos\left(\phi_1-\phi_2\right)+\cos\left(\omega t+\phi_1+\phi_2\right)\right]\mathrm{d}t\\
&=0
\end{aligned}
\tag{3.4.9}
$$

则式(3.4.8)取时间平均后，式中 $\frac{\partial}{\partial t}(\boldsymbol{D}_1\cdot\boldsymbol{E}_2+\boldsymbol{B}_1\cdot\boldsymbol{H}_2)$ 被消去了，这和频域互能方程即式(3.2.13b)在物理意义上是一致的。

若两个电磁场均为非时谐场的任意瞬变场，时域互能方程中包含互能项 $\frac{\partial}{\partial t}(\boldsymbol{D}_1\cdot\boldsymbol{E}_2+\boldsymbol{B}_1\cdot\boldsymbol{H}_2)$ ，不便于应用。

Welch 首先提出了“时域互易定理”(Welch, 1960)。设有两个电流源，即 $\boldsymbol{J}_1=\boldsymbol{J}_1(t)$ ， $\boldsymbol{J}_2=\boldsymbol{J}_2(t)$ ，它们的电磁场为 $\boldsymbol{E}_1=\boldsymbol{E}_1(t)$ ，$\boldsymbol{H}_1=\boldsymbol{H}_1(t)$ 和 $\boldsymbol{E}_2=\boldsymbol{E}_2(t)$ ， $\boldsymbol{H}_2=\boldsymbol{H}_2(t)$ ，Welch 提出的方程为

$$
-\int_{t=-\infty}^{\infty}\int_V\boldsymbol{J}_1\cdot\boldsymbol{E}_2\mathrm{d}V\mathrm{d}t=\int_{t=-\infty}^{\infty}\int_V\boldsymbol{J}_2\cdot\boldsymbol{E}_1\mathrm{d}V\mathrm{d}t
$$

De Hoop 在 1987 年导出了“时域互相关的互易定理”，方程为

$$
\begin{aligned}
&-\int_{t=-\infty}^{\infty}\oint_{S}[\boldsymbol{E}_1(t)\times\boldsymbol{H}_2(t+\tau)+\boldsymbol{E}_2(t+\tau)\times\boldsymbol{H}_1(t)]\cdot\mathrm{d}\boldsymbol{S}\mathrm{d}t\\
&=\int_{t=-\infty}^{\infty}\int_{V}[\boldsymbol{E}_1(t)\cdot\boldsymbol{J}_2(t+\tau)+\boldsymbol{E}_2(t+\tau)\cdot\boldsymbol{J}_1(t)]\mathrm{d}V\mathrm{d}t
\end{aligned}
$$

结合 3.2 节可知，该方程正是频域互能方程作傅里叶反变换之后的结果。就此意义而言，这也是一种时域互能方程。为了和式(3.4.7)和式(3.4.8)所表示的时域互能方程区分开，可以将该方程称为“时域互相关互能方程”，它可以解决式(3.4.7)和式(3.4.8)所表示的时域互能方程不方便解决的问题。

本节从麦克斯韦方程组出发，对其中一个电磁场进行时间反转变换后，仍采用卷积方法可得到“时域互相关互能方程”，其推导过程如下。

法拉第电磁感应定律为

$$
\nabla\times\bar{\boldsymbol{E}}_2=-\frac{\partial\bar{\boldsymbol{B}}_2}{\partial t} \tag{3.4.10}
$$

对式(3.4.10)两端与 $\boldsymbol{H}_1$ 作点卷积运算，有

$$
\boldsymbol{H}_1\odot(\nabla\times\bar{\boldsymbol{E}}_2)=-\boldsymbol{H}_1\odot\frac{\partial\bar{\boldsymbol{B}}_2}{\partial t} \tag{3.4.11}
$$

安培定律为

$$
\nabla\times\boldsymbol{H}_1=\boldsymbol{J}_1+\frac{\partial\boldsymbol{D}_1}{\partial t} \tag{3.4.12}
$$

对式(3.4.12)两端与 $\bar{\boldsymbol{E}}_2$ 作点卷积运算，有

$$
\bar{\boldsymbol{E}}_2\odot(\nabla\times\boldsymbol{H}_1)=\boldsymbol{J}_1\odot\bar{\boldsymbol{E}}_2+\frac{\partial\boldsymbol{D}_1}{\partial t}\odot\bar{\boldsymbol{E}}_2 \tag{3.4.13}
$$

式(3.4.11)减式(3.4.13)，并利用矢量恒等式(C9)，有

$$
\nabla\cdot\left(\bar{\boldsymbol{E}}_2\otimes\boldsymbol{H}_1\right)=-\boldsymbol{J}_1\odot\bar{\boldsymbol{E}}_2-\frac{\partial\boldsymbol{D}_1}{\partial t}\odot\bar{\boldsymbol{E}}_2-\boldsymbol{H}_1\odot\frac{\partial\bar{\boldsymbol{B}}_2}{\partial t} \tag{3.4.14}
$$

同理

$$\nabla\cdot\left(\boldsymbol{E}_1\otimes\bar{\boldsymbol{H}}_2\right)=-\bar{\boldsymbol{J}}_2\odot\boldsymbol{E}_1-\frac{\partial\bar{\boldsymbol{D}}_2}{\partial t}\odot\boldsymbol{E}_1-\bar{\boldsymbol{H}}_2\odot\frac{\partial\boldsymbol{B}_1}{\partial t}\tag{3.4.15}$$

式(3.4.15)减式(3.4.14)，并利用

$$\frac{\partial\boldsymbol{D}_1}{\partial t}\odot\bar{\boldsymbol{E}}_2=\frac{\partial\bar{\boldsymbol{D}}_2}{\partial t}\odot\boldsymbol{E}_1$$

$$\boldsymbol{H}_1\odot\frac{\partial\bar{\boldsymbol{B}}_2}{\partial t}=\bar{\boldsymbol{H}}_2\odot\frac{\partial\boldsymbol{B}_1}{\partial t}$$

有

$$\nabla\cdot\left(\boldsymbol{E}_1\otimes\bar{\boldsymbol{H}}_2-\bar{\boldsymbol{E}}_2\otimes\boldsymbol{H}_1\right)=\boldsymbol{J}_1\odot\bar{\boldsymbol{E}}_2-\bar{\boldsymbol{J}}_2\odot\boldsymbol{E}_1\tag{3.4.16}$$

对式(3.4.16)作体积分，并利用高斯定理，有

$$\oint_S(\boldsymbol{E}_1\otimes\bar{\boldsymbol{H}}_2-\bar{\boldsymbol{E}}_2\otimes\boldsymbol{H}_1)\cdot\mathrm{d}\boldsymbol{S}=\int_V(\boldsymbol{J}_1\odot\bar{\boldsymbol{E}}_2-\bar{\boldsymbol{J}}_2\odot\boldsymbol{E}_1)\mathrm{d}V\tag{3.4.17}$$

将 $\bar{\boldsymbol{H}}_2=-\boldsymbol{H}_2(\boldsymbol{r},-t)$，$\bar{\boldsymbol{J}}_2=-\boldsymbol{J}_2(\boldsymbol{r},-t)$ 代入式(3.4.17)，有

$$\begin{aligned}&-\oint_S[\boldsymbol{E}_1(\boldsymbol{r},t)\otimes\boldsymbol{H}_2(\boldsymbol{r},-t)+\boldsymbol{E}_2(\boldsymbol{r},-t)\otimes\boldsymbol{H}_1(\boldsymbol{r},t)]\cdot\mathrm{d}\boldsymbol{S}\\&=\int_V[\boldsymbol{J}_1(\boldsymbol{r},t)\odot\boldsymbol{E}_2(\boldsymbol{r},-t)+\boldsymbol{J}_2(\boldsymbol{r},-t)\odot\boldsymbol{E}_1(\boldsymbol{r},t)]\mathrm{d}V\end{aligned}\tag{3.4.18}$$

相关运算实际上是对卷积运算其中一个变量作时间反转，因此，两个相同性质的波(如同为超前波，或同为滞后波)作互相关运算与两个不同性质的波(如一个为超前波，另一个为滞后波)作卷积运算是等价的。

式(3.4.18)可等价为如下互相关运算形式，即时域互相关互能方程：

$$\begin{aligned}&-\oint_S R[\boldsymbol{E}_1(\boldsymbol{r},t)\times\boldsymbol{H}_2(\boldsymbol{r},t)+\boldsymbol{E}_2(\boldsymbol{r},t)\times\boldsymbol{H}_1(\boldsymbol{r},t)]\cdot\mathrm{d}\boldsymbol{S}\\&=\int_V R[\boldsymbol{J}_1(\boldsymbol{r},t)\cdot\boldsymbol{E}_2(\boldsymbol{r},t)+\boldsymbol{J}_2(\boldsymbol{r},t)\cdot\boldsymbol{E}_1(\boldsymbol{r},t)]\mathrm{d}V\end{aligned}\tag{3.4.19}$$

式中，$R[\cdot]$ 表示作“互相关”运算。关于互相关符号的定义及运算

法则见附录 B。

当两个滞后波中的一个作时间反转后，这个滞后波变成了超前波。式(3.4.18)涉及超前波和滞后波的卷积，可以证明，超前波在过去某个时刻到达球面，滞后波在将来某个时刻到达球面，任意时刻在球面 S 上至少有一个为零。因此有

$$-\oint_S [\boldsymbol{E}_1(\boldsymbol{r},t)\otimes\boldsymbol{H}_2(\boldsymbol{r},-t)+\boldsymbol{E}_2(\boldsymbol{r},-t)\otimes\boldsymbol{H}_1(\boldsymbol{r},t)]\cdot\mathrm{d}\boldsymbol{S}=0 \quad (3.4.20)$$

进一步有

$$\int_V R[\boldsymbol{J}_1(\boldsymbol{r},t)\cdot\boldsymbol{E}_2(\boldsymbol{r},t)+\boldsymbol{J}_2(\boldsymbol{r},t)\cdot\boldsymbol{E}_1(\boldsymbol{r},t)]\mathrm{d}V=0 \quad (3.4.21)$$

假设 $\boldsymbol{J}_1=\boldsymbol{J}_1(t)$ 在体积 V_1 内，$\boldsymbol{J}_2=\boldsymbol{J}_2(t)$ 在体积 V_2 内，且 V_1 和 V_2 在 V 内，因此有如下形式的电磁场互能方程：

$$\int_{V_1} R[\boldsymbol{J}_1\cdot\boldsymbol{E}_2]\mathrm{d}V_1=-\int_{V_2} R[\boldsymbol{J}_2\cdot\boldsymbol{E}_1]\mathrm{d}V_2 \quad (3.4.22)$$

上式表明，电流源 $\boldsymbol{J}_1$ 对电场 $\boldsymbol{E}_2$ 输出的功率同电流源 $\boldsymbol{J}_2$ 从电场 $\boldsymbol{E}_1$ 接收到的功率是一样的。

3.5 频域 Feld-Tai 互易方程

本章前 4 节所述互易定理和互能定理描述了电流源和电场之间的关系，Feld-Tai 互易定理则是描述电流源和磁场的关系。

本节从麦克斯韦方程组出发，推导过程如下：

法拉第电磁感应定律为

$$\nabla\times\boldsymbol{E}_1=-\mathrm{j}\omega\boldsymbol{B}_1 \quad (3.5.1)$$

$$\nabla\times\boldsymbol{E}_2=-\mathrm{j}\omega\boldsymbol{B}_2 \quad (3.5.2)$$

式(3.5.1)和式(3.5.2)分别点乘 $\boldsymbol{D}_2$ 和 $\boldsymbol{D}_1$，有

$$\boldsymbol{D}_2\cdot(\nabla\times\boldsymbol{E}_1)=-\mathrm{j}\omega\boldsymbol{B}_1\cdot\boldsymbol{D}_2 \quad (3.5.3)$$

$$\boldsymbol{D}_1 \cdot (\nabla \times \boldsymbol{E}_2) = -\mathrm{j}\omega \boldsymbol{B}_2 \cdot \boldsymbol{D}_1 \tag{3.5.4}$$

式(3.5.3)减式(3.5.4)，有

$$\boldsymbol{D}_2 \cdot (\nabla \times \boldsymbol{E}_1) - \boldsymbol{D}_1 \cdot (\nabla \times \boldsymbol{E}_2) = -\mathrm{j}\omega(\boldsymbol{B}_1 \cdot \boldsymbol{D}_2 - \boldsymbol{B}_2 \cdot \boldsymbol{D}_1) \tag{3.5.5}$$

利用矢量恒等式(C8)，$\boldsymbol{D}_1 = \varepsilon \boldsymbol{E}_1$，$\boldsymbol{D}_2 = \varepsilon \boldsymbol{E}_2$，式(3.5.5)可写为

$$\nabla \cdot (\boldsymbol{E}_1 \times \boldsymbol{D}_2) = -\mathrm{j}\omega(\boldsymbol{B}_1 \cdot \boldsymbol{D}_2 - \boldsymbol{B}_2 \cdot \boldsymbol{D}_1) \tag{3.5.6}$$

安培定律为

$$\nabla \times \boldsymbol{H}_1 = \boldsymbol{J}_1 + \mathrm{j}\omega \boldsymbol{D}_1 \tag{3.5.7}$$

$$\nabla \times \boldsymbol{H}_2 = \boldsymbol{J}_2 + \mathrm{j}\omega \boldsymbol{D}_2 \tag{3.5.8}$$

式(3.5.7)和式(3.5.8)分别点乘 $\boldsymbol{B}_2$ 和 $\boldsymbol{B}_1$，有

$$\boldsymbol{B}_2 \cdot (\nabla \times \boldsymbol{H}_1) = \boldsymbol{J}_1 \cdot \boldsymbol{B}_2 + \mathrm{j}\omega \boldsymbol{B}_2 \cdot \boldsymbol{D}_1 \tag{3.5.9}$$

$$\boldsymbol{B}_1 \cdot (\nabla \times \boldsymbol{H}_2) = \boldsymbol{J}_2 \cdot \boldsymbol{B}_1 + \mathrm{j}\omega \boldsymbol{B}_1 \cdot \boldsymbol{D}_2 \tag{3.5.10}$$

式(3.5.9)减式(3.5.10)，有

$$\begin{aligned} &\boldsymbol{B}_2 \cdot \left(\nabla \times \boldsymbol{H}_1\right) - \boldsymbol{B}_1 \cdot \left(\nabla \times \boldsymbol{H}_2\right) \\ &= \boldsymbol{J}_1 \cdot \boldsymbol{B}_2 - \boldsymbol{J}_2 \cdot \boldsymbol{B}_1 + \mathrm{j}\omega(\boldsymbol{B}_2 \cdot \boldsymbol{D}_1 - \boldsymbol{B}_1 \cdot \boldsymbol{D}_2) \end{aligned} \tag{3.5.11}$$

利用式(C8)，$\boldsymbol{B}_1 = \mu \boldsymbol{H}_1$，$\boldsymbol{B}_2 = \mu \boldsymbol{H}_2$，式(3.5.11)可化为

$$\nabla \cdot \left(\boldsymbol{H}_1 \times \boldsymbol{B}_2\right) = \boldsymbol{J}_1 \cdot \boldsymbol{B}_2 - \boldsymbol{J}_2 \cdot \boldsymbol{B}_1 - \mathrm{j}\omega(\boldsymbol{B}_1 \cdot \boldsymbol{D}_2 - \boldsymbol{B}_2 \cdot \boldsymbol{D}_1) \tag{3.5.12}$$

式(3.5.12)减式(3.5.6)，有

$$\nabla \cdot \left(\boldsymbol{H}_1 \times \boldsymbol{B}_2 - \boldsymbol{E}_1 \times \boldsymbol{D}_2\right) = \boldsymbol{J}_1 \cdot \boldsymbol{B}_2 - \boldsymbol{J}_2 \cdot \boldsymbol{B}_1 \tag{3.5.13}$$

对式(3.5.13)作体积分，并利用高斯定理，有

$$\oint_S (\boldsymbol{H}_1 \times \boldsymbol{B}_2 - \boldsymbol{E}_1 \times \boldsymbol{D}_2) \cdot \mathrm{d}\boldsymbol{S} = \int_V (\boldsymbol{J}_1 \cdot \boldsymbol{B}_2 - \boldsymbol{J}_2 \cdot \boldsymbol{B}_1) \mathrm{d}V \tag{3.5.14}$$

3.6　时域 Feld-Tai 互易方程

本节给出时域 Feld-Tai 互易方程，推导过程如下：
安培定律为

$$\nabla \times \boldsymbol{H}_1 = \boldsymbol{J}_1 + \frac{\partial \boldsymbol{D}_1}{\partial t} \tag{3.6.1}$$

式(3.6.1)对 $\boldsymbol{B}_2$ 作点卷积运算，有

$$(\nabla \times \boldsymbol{H}_1) \odot \boldsymbol{B}_2 = \boldsymbol{J}_1 \odot \boldsymbol{B}_2 + \frac{\partial \boldsymbol{D}_1}{\partial t} \odot \boldsymbol{B}_2 \tag{3.6.2}$$

法拉第电磁感应定律为

$$\nabla \times \boldsymbol{E}_2 = -\frac{\partial \boldsymbol{B}_2}{\partial t} \tag{3.6.3}$$

式(3.6.3)对 $\boldsymbol{D}_1$ 作点卷积运算，有

$$(\nabla \times \boldsymbol{E}_2) \odot \boldsymbol{D}_1 = -\boldsymbol{D}_1 \odot \frac{\partial \boldsymbol{B}_2}{\partial t} \tag{3.6.4}$$

式(3.6.2)和式(3.6.4)相加，由于

$$\frac{\partial \boldsymbol{D}_1}{\partial t} \odot \boldsymbol{B}_2 = \boldsymbol{D}_1 \odot \frac{\partial \boldsymbol{B}_2}{\partial t}$$

因此有

$$\left(\nabla \times \boldsymbol{H}_1\right) \odot \boldsymbol{B}_2 + \left(\nabla \times \boldsymbol{E}_2\right) \odot \boldsymbol{D}_1 = \boldsymbol{J}_1 \odot \boldsymbol{B}_2 \tag{3.6.5}$$

同理

$$\left(\nabla \times \boldsymbol{H}_2\right) \odot \boldsymbol{B}_1 + \left(\nabla \times \boldsymbol{E}_1\right) \odot \boldsymbol{D}_2 = \boldsymbol{J}_2 \odot \boldsymbol{B}_1 \tag{3.6.6}$$

式(3.6.5)和式(3.6.6)相减，有

$$\begin{aligned}&\left(\nabla \times \boldsymbol{H}_1\right) \odot \boldsymbol{B}_2 - \left(\nabla \times \boldsymbol{H}_2\right) \odot \boldsymbol{B}_1 + \left(\nabla \times \boldsymbol{E}_2\right) \odot \boldsymbol{D}_1 - \left(\nabla \times \boldsymbol{E}_1\right) \odot \boldsymbol{D}_2 \\ &= \boldsymbol{J}_1 \odot \boldsymbol{B}_2 - \boldsymbol{J}_2 \odot \boldsymbol{B}_1\end{aligned} \tag{3.6.7}$$

由矢量恒等式

$$\nabla\cdot(\boldsymbol{A}\times\boldsymbol{B})=(\nabla\times\boldsymbol{A})\cdot\boldsymbol{B}-(\nabla\times\boldsymbol{B})\cdot\boldsymbol{A} \tag{3.6.8}$$

若 $\boldsymbol{A}$ 和 $\boldsymbol{B}$ 作叉卷积，$(\nabla\times\boldsymbol{A})$ 和 $\boldsymbol{B}$，$\nabla\times\boldsymbol{B}$ 和 $\boldsymbol{A}$ 作点卷积，式(3.6.8)可化为

$$\nabla\cdot(\boldsymbol{A}\otimes\boldsymbol{B})=(\nabla\times\boldsymbol{A})\odot\boldsymbol{B}-(\nabla\times\boldsymbol{B})\odot\boldsymbol{A} \tag{3.6.9}$$

利用式(3.6.9)，并考虑到 $\boldsymbol{B}_1=\mu\boldsymbol{H}_1$，$\boldsymbol{B}_2=\mu\boldsymbol{H}_2$，$\boldsymbol{D}_1=\varepsilon\boldsymbol{E}_1$，$\boldsymbol{D}_2=\varepsilon\boldsymbol{E}_2$，有

$$\nabla\cdot(\boldsymbol{H}_1\otimes\boldsymbol{B}_2)=(\nabla\times\boldsymbol{H}_1)\odot\boldsymbol{B}_2-(\nabla\times\boldsymbol{H}_2)\odot\boldsymbol{B}_1 \tag{3.6.10}$$

$$\nabla\cdot(\boldsymbol{E}_1\otimes\boldsymbol{D}_2)=(\nabla\times\boldsymbol{E}_1)\odot\boldsymbol{D}_2-(\nabla\times\boldsymbol{E}_2)\odot\boldsymbol{D}_1 \tag{3.6.11}$$

将式(3.6.10)和式(3.6.11)代入式(3.6.7)，有

$$\boldsymbol{J}_1\odot\boldsymbol{B}_2-\boldsymbol{J}_2\odot\boldsymbol{B}_1=\nabla\cdot(\boldsymbol{H}_1\otimes\boldsymbol{B}_2-\boldsymbol{E}_1\otimes\boldsymbol{D}_2) \tag{3.6.12}$$

对式(3.6.12)作积分，有

$$\int_V(\boldsymbol{J}_1\odot\boldsymbol{B}_2-\boldsymbol{J}_2\odot\boldsymbol{B}_1)\mathrm{d}V=\oint_S(\boldsymbol{H}_1\otimes\boldsymbol{B}_2-\boldsymbol{E}_1\otimes\boldsymbol{D}_2)\cdot\mathrm{d}\boldsymbol{S} \tag{3.6.13}$$

3.7　能量型互易方程的特殊形式

在一些特殊情况下，互易定理的形式可以简化，得到更好的应用。

能量型互易方程包括

$$\oint_S(\boldsymbol{E}_1\times\boldsymbol{H}_2-\boldsymbol{E}_2\times\boldsymbol{H}_1)\cdot\mathrm{d}\boldsymbol{S}=\int_V(\boldsymbol{J}_1\cdot\boldsymbol{E}_2-\boldsymbol{J}_2\cdot\boldsymbol{E}_1)\mathrm{d}V \tag{3.7.1a}$$

$$\oint_S(\boldsymbol{H}_1\times\boldsymbol{B}_2-\boldsymbol{E}_1\times\boldsymbol{D}_2)\cdot\mathrm{d}\boldsymbol{S}=\int_V(\boldsymbol{J}_1\cdot\boldsymbol{B}_2-\boldsymbol{J}_2\cdot\boldsymbol{B}_1)\mathrm{d}V \tag{3.7.1b}$$

$$\oint_S(\boldsymbol{E}_1\otimes\boldsymbol{H}_2-\boldsymbol{E}_2\otimes\boldsymbol{H}_1)\cdot\mathrm{d}\boldsymbol{S}=\int_V(\boldsymbol{J}_1\odot\boldsymbol{E}_2-\boldsymbol{J}_2\odot\boldsymbol{E}_1)\mathrm{d}V \tag{3.7.1c}$$

$$\oint_S (\boldsymbol{H}_1 \otimes \boldsymbol{B}_2 - \boldsymbol{E}_1 \otimes \boldsymbol{D}_2) \cdot \mathrm{d}\boldsymbol{S} = \int_V (\boldsymbol{J}_1 \odot \boldsymbol{B}_2 - \boldsymbol{J}_2 \odot \boldsymbol{B}_1) \mathrm{d}V \quad (3.7.1\mathrm{d})$$

考虑如下两种情况：

(1) 两个源均在体积 V 外。此时体积 V 为无源空间，式(3.7.1)仅对无源区积分，那么闭合曲面 S 不包含任何源，则互易定理可以简化为

$$\oint_S (\boldsymbol{E}_1 \times \boldsymbol{H}_2 - \boldsymbol{E}_2 \times \boldsymbol{H}_1) \cdot \boldsymbol{e}_n \mathrm{d}S = 0 \quad (3.7.2\mathrm{a})$$

$$\oint_S (\boldsymbol{H}_1 \times \boldsymbol{B}_2 - \boldsymbol{E}_1 \times \boldsymbol{D}_2) \cdot \boldsymbol{e}_n \mathrm{d}S = 0 \quad (3.7.2\mathrm{b})$$

$$\oint_S (\boldsymbol{E}_1 \otimes \boldsymbol{H}_2 - \boldsymbol{E}_2 \otimes \boldsymbol{H}_1) \cdot \boldsymbol{e}_n \mathrm{d}S = 0 \quad (3.7.2\mathrm{c})$$

$$\oint_S (\boldsymbol{H}_1 \otimes \boldsymbol{B}_2 - \boldsymbol{E}_1 \otimes \boldsymbol{D}_2) \cdot \boldsymbol{e}_n \mathrm{d}S = 0 \quad (3.7.2\mathrm{d})$$

式中，$\boldsymbol{e}_n$ 为闭合曲面 S 的单位外法向矢量。

(2) 两个源 $\boldsymbol{J}_1$ 和 $\boldsymbol{J}_2$ 均在体积 V 内。如图 3.7.1 所示。

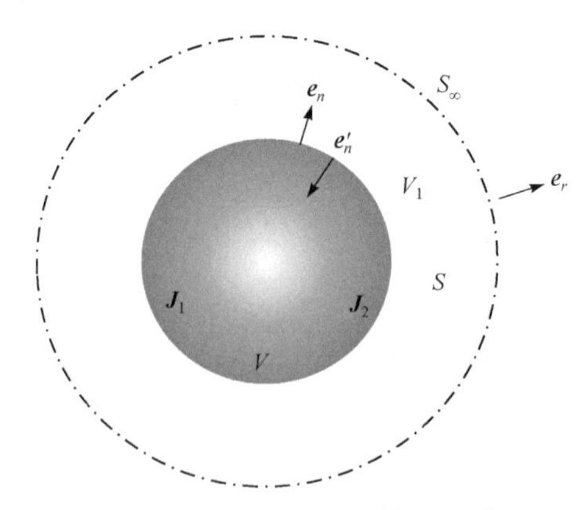

图 3.7.1　两个源均在体积 V 内

可以证明，式(3.7.2)仍成立，因此有

$$\int_V (\boldsymbol{J}_1 \cdot \boldsymbol{E}_2 - \boldsymbol{J}_2 \cdot \boldsymbol{E}_1) \mathrm{d}V = 0 \quad (3.7.3\mathrm{a})$$

$$\int_V (\boldsymbol{J}_1 \cdot \boldsymbol{B}_2 - \boldsymbol{J}_2 \cdot \boldsymbol{B}_1) \mathrm{d}V = 0 \quad (3.7.3\mathrm{b})$$

$$\int_V (\boldsymbol{J}_1 \odot \boldsymbol{E}_2 - \boldsymbol{J}_2 \odot \boldsymbol{E}_1)\mathrm{d}V = 0 \tag{3.7.3c}$$

$$\int_V (\boldsymbol{J}_1 \odot \boldsymbol{B}_2 - \boldsymbol{J}_2 \odot \boldsymbol{B}_1)\mathrm{d}V = 0 \tag{3.7.3d}$$

因此，互易定理表明，当自由空间只有两种源时，无论闭合曲面是否包围了两种源，由两种源产生的场均满足式(3.7.3)。

证明：由于两个源$\boldsymbol{J}_1$和$\boldsymbol{J}_2$均在体积V内，因此V外空间V_1为无源空间，包围V_1的闭合面为S及半径$r\to\infty$的球面S_∞。

由于两个源均在V内，即场源分布在有限空间内，此时无限远辐射场为沿$\boldsymbol{e}_r$方向的 TEM 波，$\boldsymbol{E}$、$\boldsymbol{H}$与$\boldsymbol{e}_r$正交，此时区域V_1为无源区域，由式(3.7.2)可知

$$\oint_S (\boldsymbol{E}_1 \times \boldsymbol{H}_2 - \boldsymbol{E}_2 \times \boldsymbol{H}_1)\cdot \boldsymbol{e}'_n \mathrm{d}S + \oint_{S_\infty} (\boldsymbol{E}_1 \times \boldsymbol{H}_2 - \boldsymbol{E}_2 \times \boldsymbol{H}_1)\cdot \boldsymbol{e}_r \mathrm{d}S = 0 \tag{3.7.4a}$$

$$\oint_S (\boldsymbol{H}_1 \times \boldsymbol{B}_2 - \boldsymbol{E}_1 \times \boldsymbol{D}_2)\cdot \boldsymbol{e}'_n \mathrm{d}S + \oint_{S_\infty} (\boldsymbol{H}_1 \times \boldsymbol{B}_2 - \boldsymbol{E}_1 \times \boldsymbol{D}_2)\cdot \boldsymbol{e}_r \mathrm{d}S = 0 \tag{3.7.4b}$$

$$\begin{aligned}&\oint_S (\boldsymbol{E}_1 \otimes \boldsymbol{H}_2 - \boldsymbol{E}_2 \otimes \boldsymbol{H}_1)\cdot \boldsymbol{e}'_n \mathrm{d}S \\ &+\oint_{S_\infty} (\boldsymbol{E}_1 \otimes \boldsymbol{H}_2 - \boldsymbol{E}_2 \otimes \boldsymbol{H}_1)\cdot \boldsymbol{e}_r \mathrm{d}S = 0\end{aligned} \tag{3.7.4c}$$

$$\begin{aligned}&\oint_S (\boldsymbol{H}_1 \otimes \boldsymbol{B}_2 - \boldsymbol{E}_1 \otimes \boldsymbol{D}_2)\cdot \boldsymbol{e}'_n \mathrm{d}S \\ &+\oint_{S_\infty} (\boldsymbol{H}_1 \otimes \boldsymbol{B}_2 - \boldsymbol{E}_1 \otimes \boldsymbol{D}_2)\cdot \boldsymbol{e}_r \mathrm{d}S = 0\end{aligned} \tag{3.7.4d}$$

式中，$\boldsymbol{e}'_n$和$\boldsymbol{e}_r$分别为闭合曲面S和球面S_∞的单位外法向矢量。

在S_∞面上，$\boldsymbol{E}_1 = \eta \boldsymbol{H}_1 \times \boldsymbol{e}_r$，$\boldsymbol{E}_2 = \eta \boldsymbol{H}_2 \times \boldsymbol{e}_r$，$\boldsymbol{E}_2 \cdot \boldsymbol{e}_r = 0$，有

$$\begin{aligned}(\boldsymbol{E}_1 \times \boldsymbol{H}_2)\cdot \boldsymbol{e}_r &= \left[(\eta \boldsymbol{H}_1 \times \boldsymbol{e}_r)\times \boldsymbol{H}_2\right]\cdot \boldsymbol{e}_r \\ &= \eta\left[\boldsymbol{H}_1 \cdot \boldsymbol{H}_2 - (\boldsymbol{H}_1 \cdot \boldsymbol{e}_r)(\boldsymbol{H}_2 \cdot \boldsymbol{e}_r)\right] \\ &= (\boldsymbol{E}_2 \times \boldsymbol{H}_1)\cdot \boldsymbol{e}_r\end{aligned} \tag{3.7.5a}$$

$$
\begin{aligned}
(\boldsymbol{E}_1 \times \boldsymbol{D}_2)\cdot \boldsymbol{e}_r &= (\varepsilon \boldsymbol{E}_2 \times \boldsymbol{E}_1)\cdot \boldsymbol{e}_r = \left[\varepsilon\eta(\boldsymbol{H}_1 \times \boldsymbol{e}_r)\times \boldsymbol{E}_2\right]\cdot \boldsymbol{e}_r \\
&= \varepsilon\eta(\boldsymbol{H}_1 \cdot \boldsymbol{E}_2) - \varepsilon\eta\left[(\boldsymbol{E}_2 \cdot \boldsymbol{e}_r)\cdot \boldsymbol{H}_1\right]\cdot \boldsymbol{e}_r \\
&= \varepsilon\eta\left[\boldsymbol{H}_1 \cdot (\eta \boldsymbol{H}_2 \times \boldsymbol{e}_r)\right] = (\boldsymbol{H}_1 \times \boldsymbol{B}_2)\cdot \boldsymbol{e}_r
\end{aligned}
\tag{3.7.5b}
$$

$$
\begin{aligned}
(\boldsymbol{E}_1 \otimes \boldsymbol{H}_2)\cdot \boldsymbol{e}_r &= \left[(\eta \boldsymbol{H}_1 \times \boldsymbol{e}_r)\otimes \boldsymbol{H}_2\right]\cdot \boldsymbol{e}_r \\
&= \eta\left[\boldsymbol{H}_1 \odot \boldsymbol{H}_2 - (\boldsymbol{H}_1 \cdot \boldsymbol{e}_r)\circledcirc(\boldsymbol{H}_2 \cdot \boldsymbol{e}_r)\right] \\
&= (\boldsymbol{E}_2 \otimes \boldsymbol{H}_1)\cdot \boldsymbol{e}_r
\end{aligned}
\tag{3.7.5c}
$$

$$
\begin{aligned}
(\boldsymbol{E}_1 \otimes \boldsymbol{D}_2)\cdot \boldsymbol{e}_r &= (\varepsilon \boldsymbol{E}_2 \otimes \boldsymbol{E}_1)\cdot \boldsymbol{e}_r = [\varepsilon\eta(\boldsymbol{H}_1 \times \boldsymbol{e}_r)\otimes \boldsymbol{E}_2]\cdot \boldsymbol{e}_r \\
&= \varepsilon\eta(\boldsymbol{H}_1 \odot \boldsymbol{E}_2) - \varepsilon\eta[(\boldsymbol{E}_2 \cdot \boldsymbol{e}_r)\odot \boldsymbol{H}_1]\cdot \boldsymbol{e}_r \\
&= \varepsilon\eta[\boldsymbol{H}_1 \odot (\eta \boldsymbol{H}_2 \times \boldsymbol{e}_r)] = (\boldsymbol{H}_1 \otimes \boldsymbol{B}_2)\cdot \boldsymbol{e}_r
\end{aligned}
\tag{3.7.5d}
$$

将式(3.7.5)代入式(3.7.4)，并将 $\boldsymbol{e}_n'$ 替换为 $\boldsymbol{e}_n$，式(3.7.2)仍成立。

第 4 章　动量型方程

第 3 章介绍了现有的互易定理的形式，即能量型方程。本章从麦克斯韦方程组出发，提出并推导动量型方程。

4.1　频域动量互易方程

本节推导频域动量互易方程。动量互易定理反映的是电流源与磁通密度的叉乘关系以及电荷源与电场强度的相乘关系，即两个电流源 $\boldsymbol{J}_1$、$\boldsymbol{J}_2$ 与两个磁通密度 $\boldsymbol{B}_1$、$\boldsymbol{B}_2$ 叉乘，以及两个电荷源 ρ_1、ρ_2 与两个电场强度 $\boldsymbol{E}_1$、$\boldsymbol{E}_2$ 的相乘的关系式，具有动量变化率或角动量变化率(即力或力矩)的量纲。

假定在具有电磁参数 ε 和 μ 的线性均匀无耗介质中，同时存在两个频率相同彼此独立的时谐源 $\boldsymbol{J}_1$ 和 $\boldsymbol{J}_2$，它们分别激发两个电磁场 $\boldsymbol{D}_1$、$\boldsymbol{H}_1$ 和 $\boldsymbol{D}_2$、$\boldsymbol{H}_2$，并满足麦克斯韦方程组。

安培定律为

$$\nabla\times\boldsymbol{H}_1=\boldsymbol{J}_1+\mathrm{j}\omega\boldsymbol{D}_1 \tag{4.1.1a}$$

法拉第电磁感应定律为

$$\nabla\times\boldsymbol{E}_2=-\mathrm{j}\omega\boldsymbol{B}_2 \tag{4.1.1b}$$

式(4.1.1a)叉乘 $\boldsymbol{B}_2$，有

$$(\nabla\times\boldsymbol{H}_1)\times\boldsymbol{B}_2=\boldsymbol{J}_1\times\boldsymbol{B}_2+\mathrm{j}\omega\boldsymbol{D}_1\times\boldsymbol{B}_2 \tag{4.1.2}$$

用 $\boldsymbol{D}_1$ 叉乘式(4.1.1b)，有

$$\boldsymbol{D}_1\times(\nabla\times\boldsymbol{E}_2)=-\mathrm{j}\omega\boldsymbol{D}_1\times\boldsymbol{B}_2 \tag{4.1.3}$$

式(4.1.2)与式(4.1.3)相加或相减，有

$$(\nabla\times\boldsymbol{H}_1)\times\boldsymbol{B}_2\pm\boldsymbol{D}_1\times(\nabla\times\boldsymbol{E}_2)=\boldsymbol{J}_1\times\boldsymbol{B}_2+(1\mp1)\mathrm{j}\omega\boldsymbol{D}_1\times\boldsymbol{B}_2 \tag{4.1.4}$$

同理有

$$(\nabla\times\boldsymbol{H}_2)\times\boldsymbol{B}_1\pm\boldsymbol{D}_2\times(\nabla\times\boldsymbol{E}_1)=\boldsymbol{J}_2\times\boldsymbol{B}_1+(1\mp1)\mathrm{j}\omega\boldsymbol{D}_2\times\boldsymbol{B}_1 \tag{4.1.5}$$

式(4.1.4)与式(4.1.5)相加，有

$$\begin{aligned}&(\nabla\times\boldsymbol{H}_1)\times\boldsymbol{B}_2+(\nabla\times\boldsymbol{H}_2)\times\boldsymbol{B}_1\pm\boldsymbol{D}_1\times(\nabla\times\boldsymbol{E}_2)\pm\boldsymbol{D}_2\times(\nabla\times\boldsymbol{E}_1)\\&=\boldsymbol{J}_1\times\boldsymbol{B}_2+\boldsymbol{J}_2\times\boldsymbol{B}_1+(1\mp1)\mathrm{j}\omega(\boldsymbol{D}_1\times\boldsymbol{B}_2+\boldsymbol{D}_2\times\boldsymbol{B}_1)\end{aligned} \tag{4.1.6}$$

恒等式(C4)为

$$\begin{aligned}&\nabla\cdot(\boldsymbol{A}\cdot\boldsymbol{B}\boldsymbol{I}-\boldsymbol{A}\boldsymbol{B}-\boldsymbol{B}\boldsymbol{A})\\&=\boldsymbol{A}\times(\nabla\times\boldsymbol{B})+\boldsymbol{B}\times(\nabla\times\boldsymbol{A})-(\nabla\cdot\boldsymbol{A})\boldsymbol{B}-(\nabla\cdot\boldsymbol{B})\boldsymbol{A}\end{aligned} \tag{4.1.7}$$

式中，$\boldsymbol{I}$为单位并矢。

将 $\boldsymbol{H}_1$ 和 $\boldsymbol{B}_2$ 代入式(4.1.7)，并利用 $\boldsymbol{B}_1=\mu\boldsymbol{H}_1$，$\boldsymbol{B}_2=\mu\boldsymbol{H}_2$，$\nabla\cdot\boldsymbol{B}_1=0$，$\nabla\cdot\boldsymbol{B}_2=0$，有

$$\nabla\cdot(\boldsymbol{H}_1\cdot\boldsymbol{B}_2\boldsymbol{I}-\boldsymbol{H}_1\boldsymbol{B}_2-\boldsymbol{B}_2\boldsymbol{H}_1)=\boldsymbol{B}_1\times(\nabla\times\boldsymbol{H}_2)+\boldsymbol{B}_2\times(\nabla\times\boldsymbol{H}_1) \tag{4.1.8a}$$

或

$$(\nabla\times\boldsymbol{H}_2)\times\boldsymbol{B}_1+(\nabla\times\boldsymbol{H}_1)\times\boldsymbol{B}_2=-\nabla\cdot(\boldsymbol{H}_1\cdot\boldsymbol{B}_2\boldsymbol{I}-\boldsymbol{H}_1\boldsymbol{B}_2-\boldsymbol{B}_2\boldsymbol{H}_1) \tag{4.1.8b}$$

将$\boldsymbol{D}_1$和$\boldsymbol{E}_2$代入式(4.1.7)，并利用$\boldsymbol{D}_1=\varepsilon\boldsymbol{E}_1$，$\boldsymbol{D}_2=\varepsilon\boldsymbol{E}_2$，$\nabla\cdot\boldsymbol{D}_1=\rho_1$，$\nabla\cdot\boldsymbol{D}_2=\rho_2$，有

$$\begin{aligned}&\nabla\cdot(\boldsymbol{D}_1\cdot\boldsymbol{E}_2\boldsymbol{I}-\boldsymbol{D}_1\boldsymbol{E}_2-\boldsymbol{E}_2\boldsymbol{D}_1)\\&=\boldsymbol{D}_1\times(\nabla\times\boldsymbol{E}_2)+\boldsymbol{D}_2\times(\nabla\times\boldsymbol{E}_1)-\rho_1\boldsymbol{E}_2-\rho_2\boldsymbol{E}_1\end{aligned} \tag{4.1.9a}$$

或

$$\begin{aligned}&\boldsymbol{D}_1\times(\nabla\times\boldsymbol{E}_2)+\boldsymbol{D}_2\times(\nabla\times\boldsymbol{E}_1)\\&=\nabla\cdot(\boldsymbol{D}_1\cdot\boldsymbol{E}_2\boldsymbol{I}-\boldsymbol{D}_1\boldsymbol{E}_2-\boldsymbol{E}_2\boldsymbol{D}_1)+\rho_1\boldsymbol{E}_2+\rho_2\boldsymbol{E}_1\end{aligned} \tag{4.1.9b}$$

式(4.1.8b)与式(4.1.9b)相加或相减，有

$$
\begin{aligned}
&(\nabla\times\boldsymbol{H}_2)\times\boldsymbol{B}_1+(\nabla\times\boldsymbol{H}_1)\times\boldsymbol{B}_2\pm\boldsymbol{D}_1\times(\nabla\times\boldsymbol{E}_2)\pm\boldsymbol{D}_2\times(\nabla\times\boldsymbol{E}_1)\\
&=\nabla\cdot\left[-(\boldsymbol{H}_1\cdot\boldsymbol{B}_2\boldsymbol{I}-\boldsymbol{H}_1\boldsymbol{B}_2-\boldsymbol{B}_2\boldsymbol{H}_1)\pm(\boldsymbol{D}_1\cdot\boldsymbol{E}_2\boldsymbol{I}-\boldsymbol{D}_1\boldsymbol{E}_2-\boldsymbol{E}_2\boldsymbol{D}_1)\right]\\
&\quad\pm(\rho_1\boldsymbol{E}_2+\rho_2\boldsymbol{E}_1)
\end{aligned}
\tag{4.1.10}
$$

由式(4.1.6)和式(4.1.10)有

$$
\begin{aligned}
&\boldsymbol{J}_1\times\boldsymbol{B}_2+\boldsymbol{J}_2\times\boldsymbol{B}_1\mp(\rho_1\boldsymbol{E}_2+\rho_2\boldsymbol{E}_1)+(1\mp1)\mathrm{j}\omega(\boldsymbol{D}_2\times\boldsymbol{B}_1+\boldsymbol{D}_1\times\boldsymbol{B}_2)\\
&=\nabla\cdot\left[-(\boldsymbol{H}_1\cdot\boldsymbol{B}_2\boldsymbol{I}-\boldsymbol{H}_1\boldsymbol{B}_2-\boldsymbol{B}_2\boldsymbol{H}_1)\pm(\boldsymbol{D}_1\cdot\boldsymbol{E}_2\boldsymbol{I}-\boldsymbol{D}_1\boldsymbol{E}_2-\boldsymbol{E}_2\boldsymbol{D}_1)\right]
\end{aligned}
\tag{4.1.11}
$$

式(4.1.11)为频域动量互易方程的微分形式。

式(4.1.11)可分解为

$$
\begin{aligned}
&\boldsymbol{J}_1\times\boldsymbol{B}_2+\boldsymbol{J}_2\times\boldsymbol{B}_1-\rho_1\boldsymbol{E}_2-\rho_2\boldsymbol{E}_1\\
&=\nabla\cdot\left[-(\boldsymbol{H}_1\cdot\boldsymbol{B}_2\boldsymbol{I}-\boldsymbol{H}_1\boldsymbol{B}_2-\boldsymbol{B}_2\boldsymbol{H}_1)+(\boldsymbol{D}_1\cdot\boldsymbol{E}_2\boldsymbol{I}-\boldsymbol{D}_1\boldsymbol{E}_2-\boldsymbol{E}_2\boldsymbol{D}_1)\right]\\
&=-\nabla\cdot\left[(\boldsymbol{H}_1\cdot\boldsymbol{B}_2\boldsymbol{I}-\boldsymbol{H}_1\boldsymbol{B}_2-\boldsymbol{B}_2\boldsymbol{H}_1)-(\boldsymbol{D}_1\cdot\boldsymbol{E}_2\boldsymbol{I}-\boldsymbol{D}_1\boldsymbol{E}_2-\boldsymbol{E}_2\boldsymbol{D}_1)\right]
\end{aligned}
\tag{4.1.12a}
$$

$$
\begin{aligned}
&\boldsymbol{J}_1\times\boldsymbol{B}_2+\boldsymbol{J}_2\times\boldsymbol{B}_1+\rho_1\boldsymbol{E}_2+\rho_2\boldsymbol{E}_1+2\mathrm{j}\omega(\boldsymbol{D}_2\times\boldsymbol{B}_1+\boldsymbol{D}_1\times\boldsymbol{B}_2)\\
&=\nabla\cdot\left[-(\boldsymbol{H}_1\cdot\boldsymbol{B}_2\boldsymbol{I}-\boldsymbol{H}_1\boldsymbol{B}_2-\boldsymbol{B}_2\boldsymbol{H}_1)-(\boldsymbol{D}_1\cdot\boldsymbol{E}_2\boldsymbol{I}-\boldsymbol{D}_1\boldsymbol{E}_2-\boldsymbol{E}_2\boldsymbol{D}_1)\right]\\
&=-\nabla\cdot\left[(\boldsymbol{H}_1\cdot\boldsymbol{B}_2\boldsymbol{I}-\boldsymbol{H}_1\boldsymbol{B}_2-\boldsymbol{B}_2\boldsymbol{H}_1)+(\boldsymbol{D}_1\cdot\boldsymbol{E}_2\boldsymbol{I}-\boldsymbol{D}_1\boldsymbol{E}_2-\boldsymbol{E}_2\boldsymbol{D}_1)\right]
\end{aligned}
\tag{4.1.12b}
$$

用位置矢量 $\boldsymbol{r}$ 叉乘式(4.1.12)，可以得到频域角动量互易方程，有

$$
\begin{aligned}
&\boldsymbol{r}\times(\boldsymbol{J}_1\times\boldsymbol{B}_2+\boldsymbol{J}_2\times\boldsymbol{B}_1-\rho_1\boldsymbol{E}_2-\rho_2\boldsymbol{E}_1)\\
&=-\boldsymbol{r}\times\nabla\cdot\left[(\boldsymbol{H}_1\cdot\boldsymbol{B}_2\boldsymbol{I}-\boldsymbol{H}_1\boldsymbol{B}_2-\boldsymbol{B}_2\boldsymbol{H}_1)-(\boldsymbol{D}_1\cdot\boldsymbol{E}_2\boldsymbol{I}-\boldsymbol{D}_1\boldsymbol{E}_2-\boldsymbol{E}_2\boldsymbol{D}_1)\right]
\end{aligned}
\tag{4.1.13a}
$$

$$
\begin{aligned}
&\boldsymbol{r}\times[\boldsymbol{J}_1\times\boldsymbol{B}_2+\boldsymbol{J}_2\times\boldsymbol{B}_1+\rho_1\boldsymbol{E}_2+\rho_2\boldsymbol{E}_1+2\mathrm{j}\omega(\boldsymbol{D}_2\times\boldsymbol{B}_1+\boldsymbol{D}_1\times\boldsymbol{B}_2)]\\
&=-\boldsymbol{r}\times\nabla\cdot\left[(\boldsymbol{H}_1\cdot\boldsymbol{B}_2\boldsymbol{I}-\boldsymbol{H}_1\boldsymbol{B}_2-\boldsymbol{B}_2\boldsymbol{H}_1)+(\boldsymbol{D}_1\cdot\boldsymbol{E}_2\boldsymbol{I}-\boldsymbol{D}_1\boldsymbol{E}_2-\boldsymbol{E}_2\boldsymbol{D}_1)\right]
\end{aligned}
\tag{4.1.13b}
$$

下面分析式(4.1.13)的右端项。

恒等式(C10)为

$$
-\boldsymbol{r}\times\nabla\cdot(\varphi\boldsymbol{A}\boldsymbol{B})=\nabla\cdot(\varphi\boldsymbol{A}\boldsymbol{B}\times\boldsymbol{r})+\varphi\boldsymbol{A}\times\boldsymbol{B}
$$

式(4.1.13)右端散度内的张量项恰好就是 $\boldsymbol{AB}$ 并矢的线性组合，则有

$$-\boldsymbol{r}\times\nabla\cdot\left[(\boldsymbol{D}_1\cdot\boldsymbol{E}_2\pm\boldsymbol{B}_1\cdot\boldsymbol{H}_2)\boldsymbol{I}\right]=\nabla\cdot\left[(\boldsymbol{D}_1\cdot\boldsymbol{E}_2\pm\boldsymbol{B}_1\cdot\boldsymbol{H}_2)\boldsymbol{I}\times\boldsymbol{r}\right]+(\boldsymbol{D}_1\cdot\boldsymbol{E}_2\pm\boldsymbol{B}_1\cdot\boldsymbol{H}_2)\left(\boldsymbol{e}_x\times\boldsymbol{e}_x+\boldsymbol{e}_y\times\boldsymbol{e}_y+\boldsymbol{e}_z\times\boldsymbol{e}_z\right) \tag{4.1.14a}$$

$$\begin{aligned}&-\boldsymbol{r}\times\nabla\cdot(\boldsymbol{D}_1\boldsymbol{E}_2+\boldsymbol{E}_2\boldsymbol{D}_1)\\&=\nabla\cdot\left[(\boldsymbol{D}_1\boldsymbol{E}_2+\boldsymbol{E}_2\boldsymbol{D}_1)\times\boldsymbol{r}\right]+(\boldsymbol{D}_1\times\boldsymbol{E}_2+\boldsymbol{E}_2\times\boldsymbol{D}_1)\end{aligned} \tag{4.1.14b}$$

$$\begin{aligned}&-\boldsymbol{r}\times\nabla\cdot(\boldsymbol{B}_1\boldsymbol{H}_2+\boldsymbol{H}_2\boldsymbol{B}_1)\\&=\nabla\cdot\left[(\boldsymbol{B}_1\boldsymbol{H}_2+\boldsymbol{H}_2\boldsymbol{B}_1)\times\boldsymbol{r}\right]+(\boldsymbol{B}_1\times\boldsymbol{H}_2+\boldsymbol{H}_2\times\boldsymbol{B}_1)\end{aligned} \tag{4.1.14c}$$

式(4.1.14)中右端第二项为零，于是式(4.1.13)可化为

$$\begin{aligned}&\boldsymbol{r}\times\left(\boldsymbol{J}_1\times\boldsymbol{B}_2+\boldsymbol{J}_2\times\boldsymbol{B}_1-\rho_1\boldsymbol{E}_2-\rho_2\boldsymbol{E}_1\right)\\&=-\nabla\cdot\left\{-\left[\left(\boldsymbol{H}_1\cdot\boldsymbol{B}_2\boldsymbol{I}-\boldsymbol{H}_1\boldsymbol{B}_2-\boldsymbol{B}_2\boldsymbol{H}_1\right)-\left(\boldsymbol{D}_1\cdot\boldsymbol{E}_2\boldsymbol{I}-\boldsymbol{D}_1\boldsymbol{E}_2-\boldsymbol{E}_2\boldsymbol{D}_1\right)\right]\times\boldsymbol{r}\right\}\end{aligned} \tag{4.1.15a}$$

$$\begin{aligned}&\boldsymbol{r}\times\left[\boldsymbol{J}_1\times\boldsymbol{B}_2+\boldsymbol{J}_2\times\boldsymbol{B}_1+\rho_1\boldsymbol{E}_2+\rho_2\boldsymbol{E}_1+2\mathrm{j}\omega(\boldsymbol{D}_2\times\boldsymbol{B}_1+\boldsymbol{D}_1\times\boldsymbol{B}_2)\right]\\&=-\nabla\cdot\left\{-\left[\left(\boldsymbol{H}_1\cdot\boldsymbol{B}_2\boldsymbol{I}-\boldsymbol{H}_1\boldsymbol{B}_2-\boldsymbol{B}_2\boldsymbol{H}_1\right)+\left(\boldsymbol{D}_1\cdot\boldsymbol{E}_2\boldsymbol{I}-\boldsymbol{D}_1\boldsymbol{E}_2-\boldsymbol{E}_2\boldsymbol{D}_1\right)\right]\times\boldsymbol{r}\right\}\end{aligned} \tag{4.1.15b}$$

应用高斯定理，对式(4.1.12)作体积分，可以导出频域动量互易方程的积分形式，有

$$\begin{aligned}&\int_V\left(\boldsymbol{J}_1\times\boldsymbol{B}_2+\boldsymbol{J}_2\times\boldsymbol{B}_1-\rho_1\boldsymbol{E}_2-\rho_2\boldsymbol{E}_1\right)\mathrm{d}V\\&=-\oint_S\mathrm{d}\boldsymbol{S}\cdot\left[\left(\boldsymbol{H}_1\cdot\boldsymbol{B}_2\boldsymbol{I}-\boldsymbol{H}_1\boldsymbol{B}_2-\boldsymbol{B}_2\boldsymbol{H}_1\right)-\left(\boldsymbol{D}_1\cdot\boldsymbol{E}_2\boldsymbol{I}-\boldsymbol{D}_1\boldsymbol{E}_2-\boldsymbol{E}_2\boldsymbol{D}_1\right)\right]\end{aligned} \tag{4.1.16a}$$

$$\begin{aligned}&\int_V\left[\boldsymbol{J}_1\times\boldsymbol{B}_2+\boldsymbol{J}_2\times\boldsymbol{B}_1+\rho_1\boldsymbol{E}_2+\rho_2\boldsymbol{E}_1+2\mathrm{j}\omega(\boldsymbol{D}_2\times\boldsymbol{B}_1+\boldsymbol{D}_1\times\boldsymbol{B}_2)\right]\mathrm{d}V\\&=-\oint_S\mathrm{d}\boldsymbol{S}\cdot\left[\left(\boldsymbol{H}_1\cdot\boldsymbol{B}_2\boldsymbol{I}-\boldsymbol{H}_1\boldsymbol{B}_2-\boldsymbol{B}_2\boldsymbol{H}_1\right)+\left(\boldsymbol{D}_1\cdot\boldsymbol{E}_2\boldsymbol{I}-\boldsymbol{D}_1\boldsymbol{E}_2-\boldsymbol{E}_2\boldsymbol{D}_1\right)\right]\end{aligned} \tag{4.1.16b}$$

类似地，应用高斯定理，对式(4.1.15)作体积分，可以导出频域

角动量互易方程的积分形式，有

$$\begin{aligned}&\int_V \boldsymbol{r}\times\left(\boldsymbol{J}_1\times\boldsymbol{B}_2+\boldsymbol{J}_2\times\boldsymbol{B}_1-\rho_1\boldsymbol{E}_2-\rho_2\boldsymbol{E}_1\right)\mathrm{d}V\\&=-\oint_S \mathrm{d}\boldsymbol{S}\cdot\left\{-\left[\left(\boldsymbol{H}_1\cdot\boldsymbol{B}_2\boldsymbol{I}-\boldsymbol{H}_1\boldsymbol{B}_2-\boldsymbol{B}_2\boldsymbol{H}_1\right)-\left(\boldsymbol{D}_1\cdot\boldsymbol{E}_2\boldsymbol{I}-\boldsymbol{D}_1\boldsymbol{E}_2-\boldsymbol{E}_2\boldsymbol{D}_1\right)\right]\times\boldsymbol{r}\right\}\end{aligned} \tag{4.1.17a}$$

$$\begin{aligned}&\int_V \boldsymbol{r}\times\left[\boldsymbol{J}_1\times\boldsymbol{B}_2+\boldsymbol{J}_2\times\boldsymbol{B}_1+\rho_1\boldsymbol{E}_2+\rho_2\boldsymbol{E}_1+2\mathrm{j}\omega(\boldsymbol{D}_2\times\boldsymbol{B}_1+\boldsymbol{D}_1\times\boldsymbol{B}_2)\right]\mathrm{d}V\\&=-\oint_S \mathrm{d}\boldsymbol{S}\cdot\left\{-\left[\left(\boldsymbol{H}_1\cdot\boldsymbol{B}_2\boldsymbol{I}-\boldsymbol{H}_1\boldsymbol{B}_2-\boldsymbol{B}_2\boldsymbol{H}_1\right)+\left(\boldsymbol{D}_1\cdot\boldsymbol{E}_2\boldsymbol{I}-\boldsymbol{D}_1\boldsymbol{E}_2-\boldsymbol{E}_2\boldsymbol{D}_1\right)\right]\times\boldsymbol{r}\right\}\end{aligned} \tag{4.1.17b}$$

令

$$\boldsymbol{\Phi}_{\mathrm{e}12}=\boldsymbol{D}_1\cdot\boldsymbol{E}_2\boldsymbol{I}-\boldsymbol{D}_1\boldsymbol{E}_2-\boldsymbol{E}_2\boldsymbol{D}_1$$

$$\boldsymbol{\Phi}_{\mathrm{m}12}=\boldsymbol{H}_1\cdot\boldsymbol{B}_2\boldsymbol{I}-\boldsymbol{H}_1\boldsymbol{B}_2-\boldsymbol{B}_2\boldsymbol{H}_1$$

$$\boldsymbol{g}_{\mathrm{f}12}=\boldsymbol{D}_2\times\boldsymbol{B}_1+\boldsymbol{D}_1\times\boldsymbol{B}_2$$

$$\boldsymbol{F}_{\mathrm{e}12}=\rho_1\boldsymbol{E}_2+\rho_2\boldsymbol{E}_1$$

$$\boldsymbol{F}_{\mathrm{m}12}=\boldsymbol{J}_1\times\boldsymbol{B}_2+\boldsymbol{J}_2\times\boldsymbol{B}_1$$

$$\boldsymbol{R}_{\mathrm{e}12}=-\boldsymbol{\Phi}_{\mathrm{e}12}\times\boldsymbol{r}=-\left(\boldsymbol{D}_1\cdot\boldsymbol{E}_2\boldsymbol{I}-\boldsymbol{D}_1\boldsymbol{E}_2-\boldsymbol{E}_2\boldsymbol{D}_1\right)\times\boldsymbol{r}$$

$$\boldsymbol{R}_{\mathrm{m}12}=-\boldsymbol{\Phi}_{\mathrm{m}12}\times\boldsymbol{r}=-\left(\boldsymbol{H}_1\cdot\boldsymbol{B}_2\boldsymbol{I}-\boldsymbol{H}_1\boldsymbol{B}_2-\boldsymbol{B}_2\boldsymbol{H}_1\right)\times\boldsymbol{r}$$

$$\boldsymbol{l}_{12}=\boldsymbol{r}\times\boldsymbol{g}_{\mathrm{f}12}=\boldsymbol{r}\times\left(\boldsymbol{D}_2\times\boldsymbol{B}_1+\boldsymbol{D}_1\times\boldsymbol{B}_2\right)$$

$$\boldsymbol{r}\times\boldsymbol{F}_{\mathrm{e}12}=\boldsymbol{r}\times\left(\rho_1\boldsymbol{E}_2+\rho_2\boldsymbol{E}_1\right)$$

$$\boldsymbol{r}\times\boldsymbol{F}_{\mathrm{m}12}=\boldsymbol{r}\times\left(\boldsymbol{J}_1\times\boldsymbol{B}_2+\boldsymbol{J}_2\times\boldsymbol{B}_1\right)$$

分别为互电场动量流密度、互磁场动量流密度、互电磁场动量密度、互电场力、互磁场力、互电场角动量流密度、互磁场角动量流密度、互电磁角动量密度、互电场力矩与互磁场力矩。

式(4.1.16)和式(4.1.17)可简记为

$$\int_V (\boldsymbol{F}_{\mathrm{m12}} - \boldsymbol{F}_{\mathrm{e12}}) \mathrm{d}V = -\oint_S \mathrm{d}\boldsymbol{S} \cdot (\boldsymbol{\Phi}_{\mathrm{m12}} - \boldsymbol{\Phi}_{\mathrm{e12}}) \tag{4.1.18a}$$

$$\int_V (\boldsymbol{F}_{\mathrm{m12}} + \boldsymbol{F}_{\mathrm{e12}}) \mathrm{d}V + \int_V 2\mathrm{j}\omega \boldsymbol{g}_{\mathrm{f12}} \mathrm{d}V = -\oint_S \mathrm{d}\boldsymbol{S} \cdot (\boldsymbol{\Phi}_{\mathrm{m12}} + \boldsymbol{\Phi}_{\mathrm{e12}}) \tag{4.1.18b}$$

$$\int_V \boldsymbol{r} \times (\boldsymbol{F}_{\mathrm{m12}} - \boldsymbol{F}_{\mathrm{e12}}) \mathrm{d}V = -\oint_S \mathrm{d}\boldsymbol{S} \cdot (\boldsymbol{R}_{\mathrm{m12}} - \boldsymbol{R}_{\mathrm{e12}}) \tag{4.1.19a}$$

$$\int_V \boldsymbol{r} \times (\boldsymbol{F}_{\mathrm{m12}} + \boldsymbol{F}_{\mathrm{e12}}) \mathrm{d}V + \int_V 2\mathrm{j}\omega \boldsymbol{l}_{12} \mathrm{d}V = -\oint_S \mathrm{d}\boldsymbol{S} \cdot (\boldsymbol{R}_{\mathrm{m12}} + \boldsymbol{R}_{\mathrm{e12}}) \tag{4.1.19b}$$

式(4.1.18)和式(4.1.19)即为频域动量互易方程的积分形式。

4.2　频域互动量方程

频域互能定理反映了两个场源之间的能量相互作用的关系，即互能。本节从麦克斯韦方程组出发，推导反映两个电磁系统动量相互作用的定理，即频域互动量方程(Liu et al., 2020)，给出第一个电流源 $\boldsymbol{J}_1$ 对第二个电流源产生的磁场的共轭场 $\boldsymbol{B}_2^*$ 和第二个电流源的共轭源 $\boldsymbol{J}_2^*$ 对第一个电流源产生的磁场之间的叉乘关系，即 $\boldsymbol{J}_1 \times \boldsymbol{B}_2^*$ 和 $\boldsymbol{J}_2^* \times \boldsymbol{B}_1$。它们具有动量密度变化率的量纲，可表达互复动量的概念。

推导过程如下：

安培定律为

$$\nabla \times \boldsymbol{H}_1 = \boldsymbol{J}_1 + \mathrm{j}\omega \boldsymbol{D}_1 \tag{4.2.1}$$

式(4.2.1)两边同时叉乘 $\boldsymbol{B}_2^*$，有

$$(\nabla \times \boldsymbol{H}_1) \times \boldsymbol{B}_2^* = \boldsymbol{J}_1 \times \boldsymbol{B}_2^* + \mathrm{j}\omega \boldsymbol{D}_1 \times \boldsymbol{B}_2^* \tag{4.2.2}$$

法拉第电磁感应定律为

$$\nabla \times \boldsymbol{E}_2^* = \mathrm{j}\omega \boldsymbol{B}_2^* \tag{4.2.3}$$

用 $\boldsymbol{D}_1$ 同时叉乘式(4.2.3)两边，有

$$\boldsymbol{D}_1\times(\nabla\times\boldsymbol{E}_2^*)=\mathrm{j}\omega\boldsymbol{D}_1\times\boldsymbol{B}_2^* \tag{4.2.4}$$

式(4.2.2)与式(4.2.4)相加或相减，有

$$(\nabla\times\boldsymbol{H}_1)\times\boldsymbol{B}_2^*\pm\boldsymbol{D}_1\times\left(\nabla\times\boldsymbol{E}_2^*\right)=\boldsymbol{J}_1\times\boldsymbol{B}_2^*+(1\pm1)\mathrm{j}\omega\boldsymbol{D}_1\times\boldsymbol{B}_2^* \tag{4.2.5}$$

安培定律为

$$\nabla\times\boldsymbol{H}_2^*=\boldsymbol{J}_2^*-\mathrm{j}\omega\boldsymbol{D}_2^* \tag{4.2.6}$$

式(4.2.6)两边同时叉乘 $\boldsymbol{B}_1$，有

$$\left(\nabla\times\boldsymbol{H}_2^*\right)\times\boldsymbol{B}_1=\boldsymbol{J}_2^*\times\boldsymbol{B}_1-\mathrm{j}\omega\boldsymbol{D}_2^*\times\boldsymbol{B}_1 \tag{4.2.7}$$

法拉第电磁感应定律为

$$\nabla\times\boldsymbol{E}_1=-\mathrm{j}\omega\boldsymbol{B}_1 \tag{4.2.8}$$

用 $\boldsymbol{D}_2^*$ 叉乘式(4.2.8)，有

$$\boldsymbol{D}_2^*\times\left(\nabla\times\boldsymbol{E}_1\right)=-\mathrm{j}\omega\boldsymbol{D}_2^*\times\boldsymbol{B}_1 \tag{4.2.9}$$

式(4.2.7)与式(4.2.9)相加或相减，有

$$\left(\nabla\times\boldsymbol{H}_2^*\right)\times\boldsymbol{B}_1\pm\boldsymbol{D}_2^*\times\left(\nabla\times\boldsymbol{E}_1\right)=\boldsymbol{J}_2^*\times\boldsymbol{B}_1-(1\pm1)\mathrm{j}\omega\boldsymbol{D}_2^*\times\boldsymbol{B}_1 \tag{4.2.10}$$

式(4.2.5)与式(4.2.10)相加，有

$$\begin{aligned}&(\nabla\times\boldsymbol{H}_1)\times\boldsymbol{B}_2^*+\left(\nabla\times\boldsymbol{H}_2^*\right)\times\boldsymbol{B}_1\pm\boldsymbol{D}_1\times\left(\nabla\times\boldsymbol{E}_2^*\right)\pm\boldsymbol{D}_2^*\times\left(\nabla\times\boldsymbol{E}_1\right)\\&=\boldsymbol{J}_1\times\boldsymbol{B}_2^*+\boldsymbol{J}_2^*\times\boldsymbol{B}_1+(1\pm1)\mathrm{j}\omega(\boldsymbol{D}_1\times\boldsymbol{B}_2^*-\boldsymbol{D}_2^*\times\boldsymbol{B}_1)\end{aligned} \tag{4.2.11}$$

恒等式(C4)为

$$\begin{aligned}&\nabla\cdot\left(\boldsymbol{A}\cdot\boldsymbol{B}\boldsymbol{I}-\boldsymbol{A}\boldsymbol{B}-\boldsymbol{B}\boldsymbol{A}\right)\\&=\boldsymbol{A}\times\left(\nabla\times\boldsymbol{B}\right)+\boldsymbol{B}\times\left(\nabla\times\boldsymbol{A}\right)-\left(\nabla\cdot\boldsymbol{A}\right)\boldsymbol{B}-\left(\nabla\cdot\boldsymbol{B}\right)\boldsymbol{A}\end{aligned} \tag{4.2.12}$$

考虑无耗介质 $\mu^*=\mu$，$\varepsilon^*=\varepsilon$，将 $\boldsymbol{H}_1$ 和 $\boldsymbol{B}_2^*$ 代入式(4.2.12)，并利用 $\boldsymbol{B}_1=\mu\boldsymbol{H}_1$，$\boldsymbol{B}_2^*=\mu\boldsymbol{H}_2^*$，$\nabla\cdot\boldsymbol{B}_1=0$，$\nabla\cdot\boldsymbol{B}_2^*=0$，有

$$\nabla\cdot\left(\boldsymbol{H}_1\cdot\boldsymbol{B}_2^*\boldsymbol{I}-\boldsymbol{H}_1\boldsymbol{B}_2^*-\boldsymbol{B}_2^*\boldsymbol{H}_1\right)=\boldsymbol{B}_1\times\left(\nabla\times\boldsymbol{H}_2^*\right)+\boldsymbol{B}_2^*\times\left(\nabla\times\boldsymbol{H}_1\right)$$

或

$$\left(\nabla\times\boldsymbol{H}_2^*\right)\times\boldsymbol{B}_1+\left(\nabla\times\boldsymbol{H}_1\right)\times\boldsymbol{B}_2^*=-\nabla\cdot\left(\boldsymbol{H}_1\cdot\boldsymbol{B}_2^*\boldsymbol{I}-\boldsymbol{H}_1\boldsymbol{B}_2^*-\boldsymbol{B}_2^*\boldsymbol{H}_1\right)\tag{4.2.13}$$

将$\boldsymbol{D}_1$和$\boldsymbol{E}_2^*$代入式(4.2.12)，并利用$\boldsymbol{D}_1=\varepsilon\boldsymbol{E}_1$，$\boldsymbol{D}_2^*=\varepsilon\boldsymbol{E}_2^*$，$\nabla\cdot\boldsymbol{D}_1=\rho_1$，$\nabla\cdot\boldsymbol{D}_2^*=\rho_2^*$，有

$$\begin{aligned}&\nabla\cdot\left(\boldsymbol{D}_1\cdot\boldsymbol{E}_2^*\boldsymbol{I}-\boldsymbol{D}_1\boldsymbol{E}_2^*-\boldsymbol{E}_2^*\boldsymbol{D}_1\right)\\&=\boldsymbol{D}_1\times\left(\nabla\times\boldsymbol{E}_2^*\right)+\boldsymbol{D}_2^*\times\left(\nabla\times\boldsymbol{E}_1\right)-\left(\nabla\cdot\boldsymbol{D}_1\right)\boldsymbol{E}_2^*-\left(\nabla\cdot\boldsymbol{D}_2^*\right)\boldsymbol{E}_1\\&=\boldsymbol{D}_1\times\left(\nabla\times\boldsymbol{E}_2^*\right)+\boldsymbol{D}_2^*\times\left(\nabla\times\boldsymbol{E}_1\right)-\rho_1\boldsymbol{E}_2^*-\rho_2^*\boldsymbol{E}_1\end{aligned}$$

或

$$\begin{aligned}&\boldsymbol{D}_1\times\left(\nabla\times\boldsymbol{E}_2^*\right)+\boldsymbol{D}_2^*\times\left(\nabla\times\boldsymbol{E}_1\right)\\&=\nabla\cdot\left(\boldsymbol{D}_1\cdot\boldsymbol{E}_2^*\boldsymbol{I}-\boldsymbol{D}_1\boldsymbol{E}_2^*-\boldsymbol{E}_2^*\boldsymbol{D}_1\right)+\rho_1\boldsymbol{E}_2^*+\rho_2^*\boldsymbol{E}_1\end{aligned}\tag{4.2.14}$$

式(4.2.13)与式(4.2.14)相加或相减可得

$$\begin{aligned}&\left(\nabla\times\boldsymbol{H}_2^*\right)\times\boldsymbol{B}_1+\left(\nabla\times\boldsymbol{H}_1\right)\times\boldsymbol{B}_2^*\pm\boldsymbol{D}_1\times\left(\nabla\times\boldsymbol{E}_2^*\right)\pm\boldsymbol{D}_2^*\times\left(\nabla\times\boldsymbol{E}_1\right)\\&=\nabla\cdot\left[-\left(\boldsymbol{H}_1\cdot\boldsymbol{B}_2^*\boldsymbol{I}-\boldsymbol{H}_1\boldsymbol{B}_2^*-\boldsymbol{B}_2^*\boldsymbol{H}_1\right)\pm\left(\boldsymbol{D}_1\cdot\boldsymbol{E}_2^*\boldsymbol{I}-\boldsymbol{D}_1\boldsymbol{E}_2^*-\boldsymbol{E}_2^*\boldsymbol{D}_1\right)\right]\\&\pm(\rho_1\boldsymbol{E}_2^*+\rho_2^*\boldsymbol{E}_1)\end{aligned}\tag{4.2.15}$$

由式(4.2.11)和式(4.2.15)，有

$$\begin{aligned}&\boldsymbol{J}_1\times\boldsymbol{B}_2^*+\boldsymbol{J}_2^*\times\boldsymbol{B}_1\mp(\rho_1\boldsymbol{E}_2^*+\rho_2^*\boldsymbol{E}_1)+(1\pm1)\mathrm{j}\omega(\boldsymbol{D}_1\times\boldsymbol{B}_2^*-\boldsymbol{D}_2^*\times\boldsymbol{B}_1)\\&=\nabla\cdot\left[-\left(\boldsymbol{H}_1\cdot\boldsymbol{B}_2^*\boldsymbol{I}-\boldsymbol{H}_1\boldsymbol{B}_2^*-\boldsymbol{B}_2^*\boldsymbol{H}_1\right)\pm\left(\boldsymbol{D}_1\cdot\boldsymbol{E}_2^*\boldsymbol{I}-\boldsymbol{D}_1\boldsymbol{E}_2^*-\boldsymbol{E}_2^*\boldsymbol{D}_1\right)\right]\end{aligned}\tag{4.2.16}$$

式(4.2.16)可分解为

$$
\begin{aligned}
&\boldsymbol{J}_1\times\boldsymbol{B}_2^*+\boldsymbol{J}_2^*\times\boldsymbol{B}_1-(\rho_1\boldsymbol{E}_2^*+\rho_2^*\boldsymbol{E}_1)+2\mathrm{j}\omega(\boldsymbol{D}_1\times\boldsymbol{B}_2^*-\boldsymbol{D}_2^*\times\boldsymbol{B}_1)\\
&=\nabla\cdot\left[-\left(\boldsymbol{H}_1\cdot\boldsymbol{B}_2^*\boldsymbol{I}-\boldsymbol{H}_1\boldsymbol{B}_2^*-\boldsymbol{B}_2^*\boldsymbol{H}_1\right)+\left(\boldsymbol{D}_1\cdot\boldsymbol{E}_2^*\boldsymbol{I}-\boldsymbol{D}_1\boldsymbol{E}_2^*-\boldsymbol{E}_2^*\boldsymbol{D}_1\right)\right]\\
&=-\nabla\cdot\left[\left(\boldsymbol{H}_1\cdot\boldsymbol{B}_2^*\boldsymbol{I}-\boldsymbol{H}_1\boldsymbol{B}_2^*-\boldsymbol{B}_2^*\boldsymbol{H}_1\right)-\left(\boldsymbol{D}_1\cdot\boldsymbol{E}_2^*\boldsymbol{I}-\boldsymbol{D}_1\boldsymbol{E}_2^*-\boldsymbol{E}_2^*\boldsymbol{D}_1\right)\right]
\end{aligned}
\tag{4.2.17}
$$

$$
\begin{aligned}
&\boldsymbol{J}_1\times\boldsymbol{B}_2^*+\boldsymbol{J}_2^*\times\boldsymbol{B}_1+\rho_1\boldsymbol{E}_2^*+\rho_2^*\boldsymbol{E}_1\\
&=-\nabla\cdot\left[\left(\boldsymbol{H}_1\cdot\boldsymbol{B}_2^*\boldsymbol{I}-\boldsymbol{H}_1\boldsymbol{B}_2^*-\boldsymbol{B}_2^*\boldsymbol{H}_1\right)+\left(\boldsymbol{D}_1\cdot\boldsymbol{E}_2^*\boldsymbol{I}-\boldsymbol{D}_1\boldsymbol{E}_2^*-\boldsymbol{E}_2^*\boldsymbol{D}_1\right)\right]
\end{aligned}
\tag{4.2.18}
$$

式(4.2.17)包含二次谐波项 $2\mathrm{j}\omega(\boldsymbol{D}_1\times\boldsymbol{B}_2^*-\boldsymbol{D}_2^*\times\boldsymbol{B}_1)$，不便于应用，除非 ω 为零。

取式(4.2.18)的实部，并乘以 1/2，有

$$
\begin{aligned}
&\frac{1}{2}\mathrm{Re}(\boldsymbol{J}_1\times\boldsymbol{B}_2^*+\boldsymbol{J}_2^*\times\boldsymbol{B}_1+\rho_1\boldsymbol{E}_2^*+\rho_2^*\boldsymbol{E}_1)\\
&=-\nabla\cdot\frac{1}{2}\mathrm{Re}\left[\left(\boldsymbol{H}_1\cdot\boldsymbol{B}_2^*\boldsymbol{I}-\boldsymbol{H}_1\boldsymbol{B}_2^*-\boldsymbol{B}_2^*\boldsymbol{H}_1\right)+\left(\boldsymbol{D}_1\cdot\boldsymbol{E}_2^*\boldsymbol{I}-\boldsymbol{D}_1\boldsymbol{E}_2^*-\boldsymbol{E}_2^*\boldsymbol{D}_1\right)\right]
\end{aligned}
\tag{4.2.19}
$$

式中，$\mathrm{Re}[\cdot]$表示取实部。

对式(4.2.18)和式(4.2.19)积分，应用高斯定理，有

$$
\begin{aligned}
&-\oint_S \mathrm{d}\boldsymbol{S}\cdot\left[\left(\boldsymbol{H}_1\cdot\boldsymbol{B}_2^*\boldsymbol{I}-\boldsymbol{H}_1\boldsymbol{B}_2^*-\boldsymbol{B}_2^*\boldsymbol{H}_1\right)+\left(\boldsymbol{D}_1\cdot\boldsymbol{E}_2^*\boldsymbol{I}-\boldsymbol{D}_1\boldsymbol{E}_2^*-\boldsymbol{E}_2^*\boldsymbol{D}_1\right)\right]\\
&=\int_V(\boldsymbol{J}_1\times\boldsymbol{B}_2^*+\boldsymbol{J}_2^*\times\boldsymbol{B}_1+\rho_1\boldsymbol{E}_2^*+\rho_2^*\boldsymbol{E}_1)\mathrm{d}V
\end{aligned}
\tag{4.2.20}
$$

$$
\begin{aligned}
&-\oint_S \mathrm{d}\boldsymbol{S}\cdot\frac{1}{2}\mathrm{Re}\left[\left(\boldsymbol{H}_1\cdot\boldsymbol{B}_2^*\boldsymbol{I}-\boldsymbol{H}_1\boldsymbol{B}_2^*-\boldsymbol{B}_2^*\boldsymbol{H}_1\right)+\left(\boldsymbol{D}_1\cdot\boldsymbol{E}_2^*\boldsymbol{I}-\boldsymbol{D}_1\boldsymbol{E}_2^*-\boldsymbol{E}_2^*\boldsymbol{D}_1\right)\right]\\
&=\int_V\frac{1}{2}\mathrm{Re}(\boldsymbol{J}_1\times\boldsymbol{B}_2^*+\boldsymbol{J}_2^*\times\boldsymbol{B}_1+\rho_1\boldsymbol{E}_2^*+\rho_2^*\boldsymbol{E}_1)\mathrm{d}V
\end{aligned}
\tag{4.2.21}
$$

式(4.2.19)和式(4.2.21)即为频域互动量方程的微分形式和积分形式。为了便于叙述，在不引起混淆的情况下，并不严格区分式(4.2.18)和式(4.2.19)，以及式(4.2.20)和式(4.2.21)，将它们均称为频域互动量方程。

记

$$\begin{cases}\langle \boldsymbol{F}_{\mathrm{e}12}\rangle = \dfrac{1}{2}\mathrm{Re}(\rho_1\boldsymbol{E}_2^* + \rho_2^*\boldsymbol{E}_1) \\ \langle \boldsymbol{F}_{\mathrm{m}12}\rangle = \dfrac{1}{2}\mathrm{Re}(\boldsymbol{J}_1\times\boldsymbol{B}_2^* + \boldsymbol{J}_2^*\times\boldsymbol{B}_1) \\ \langle \boldsymbol{\Phi}_{\mathrm{e}12}\rangle = \dfrac{1}{2}\mathrm{Re}(\boldsymbol{D}_1\cdot\boldsymbol{E}_2^*\boldsymbol{I} - \boldsymbol{D}_1\boldsymbol{E}_2^* - \boldsymbol{E}_2^*\boldsymbol{D}_1) \\ \langle \boldsymbol{\Phi}_{\mathrm{m}12}\rangle = \dfrac{1}{2}\mathrm{Re}\left(\boldsymbol{H}_1\cdot\boldsymbol{B}_2^*\boldsymbol{I} - \boldsymbol{H}_1\boldsymbol{B}_2^* - \boldsymbol{B}_2^*\boldsymbol{H}_1\right)\end{cases} \tag{4.2.22}$$

分别为互电场力、互磁场力、互电场动量流密度、互磁场动量流密度的时间平均值，则式(4.2.19)可记为

$$\langle \boldsymbol{F}_{\mathrm{m}12}\rangle + \langle \boldsymbol{F}_{\mathrm{e}12}\rangle = -\nabla\cdot(\langle \boldsymbol{\Phi}_{\mathrm{m}12}\rangle + \langle \boldsymbol{\Phi}_{\mathrm{e}12}\rangle) \tag{4.2.23}$$

式(4.2.21)可记为

$$-\oint_S \mathrm{d}\boldsymbol{S}\cdot\left(\langle \boldsymbol{\Phi}_{\mathrm{m}12}\rangle + \langle \boldsymbol{\Phi}_{\mathrm{e}12}\rangle\right) = \oint_V \left(\langle \boldsymbol{F}_{\mathrm{m}12}\rangle + \langle \boldsymbol{F}_{\mathrm{e}12}\rangle\right)\mathrm{d}V \tag{4.2.24}$$

将位置矢量 $\boldsymbol{r}$ 叉乘式(4.2.19)，利用恒等式(C10)，可以得到频域角动量方程

$$\begin{aligned}&\frac{1}{2}\mathrm{Re}\left[\boldsymbol{r}\times\left(\boldsymbol{J}_1\times\boldsymbol{B}_2^* + \boldsymbol{J}_2^*\times\boldsymbol{B}_1 + \rho_1\boldsymbol{E}_2^* + \rho_2^*\boldsymbol{E}_1\right)\right] \\ &= -\nabla\cdot\frac{1}{2}\mathrm{Re}\left\{-\left[(\boldsymbol{H}_1\cdot\boldsymbol{B}_2^*\boldsymbol{I} - \boldsymbol{H}_1\boldsymbol{B}_2^* - \boldsymbol{H}_2^*\boldsymbol{B}_1 + \boldsymbol{D}_1\cdot\boldsymbol{E}_2^*\boldsymbol{I} - \boldsymbol{D}_1\boldsymbol{E}_2^* - \boldsymbol{E}_2^*\boldsymbol{D}_1)\right]\times\boldsymbol{r}\right\}\end{aligned} \tag{4.2.25}$$

式(4.2.25)简记为

$$\langle \boldsymbol{r}\times\boldsymbol{f}_{12}\rangle = -\nabla\cdot\langle \boldsymbol{R}_{12}\rangle \tag{4.2.26}$$

式中

$$\langle \boldsymbol{r}\times\boldsymbol{f}_{12}\rangle = \frac{1}{2}\mathrm{Re}\left[\boldsymbol{r}\times(\boldsymbol{J}_1\times\boldsymbol{B}_2^* + \boldsymbol{J}_2^*\times\boldsymbol{B}_1 + \rho_1\boldsymbol{E}_2^* + \rho_2^*\boldsymbol{E}_1)\right] \tag{4.2.27}$$

$$\langle \boldsymbol{R}_{12} \rangle = \frac{1}{2}\mathrm{Re}\left\{-\left[(\boldsymbol{H}_1 \cdot \boldsymbol{B}_2^* \boldsymbol{I} - \boldsymbol{H}_1 \boldsymbol{B}_2^* - \boldsymbol{H}_2^* \boldsymbol{B}_1 + \boldsymbol{D}_1 \cdot \boldsymbol{E}_2^* \boldsymbol{I} - \boldsymbol{D}_1 \boldsymbol{E}_2^* - \boldsymbol{E}_2^* \boldsymbol{D}_1)\right] \times \boldsymbol{r}\right\} \tag{4.2.28}$$

分别为互电磁力矩和电磁角动量流密度在一个周期内的平均值。

应用高斯定理，可以得到式(4.2.26)对应的积分形式：

$$\int_V \langle \boldsymbol{r} \times \boldsymbol{f}_{12} \rangle \mathrm{d}V = -\oint_S \mathrm{d}\boldsymbol{S} \cdot \langle \boldsymbol{R}_{12} \rangle \tag{4.2.29}$$

式(4.2.29)即为频域互角动量方程的积分形式。

4.3　时域动量互易方程

本节推导简洁形式的时域动量互易方程，涉及的卷积运算符号定义及运算法则见附录 A。

安培定律为

$$\nabla \times \boldsymbol{H}_1 = \boldsymbol{J}_1 + \frac{\partial \boldsymbol{D}_1}{\partial t} \tag{4.3.1}$$

式(4.3.1)对 $\boldsymbol{B}_2$ 作叉卷积，有

$$(\nabla \times \boldsymbol{H}_1) \otimes \boldsymbol{B}_2 = \boldsymbol{J}_1 \otimes \boldsymbol{B}_2 + \frac{\partial \boldsymbol{D}_1}{\partial t} \otimes \boldsymbol{B}_2 \tag{4.3.2}$$

法拉第电磁感应定律为

$$\nabla \times \boldsymbol{E}_2 = -\frac{\partial \boldsymbol{B}_2}{\partial t} \tag{4.3.3}$$

$\boldsymbol{D}_1$ 对式(4.3.3)作叉卷积运算，有

$$\boldsymbol{D}_1 \otimes (\nabla \times \boldsymbol{E}_2) = -\boldsymbol{D}_1 \otimes \frac{\partial \boldsymbol{B}_2}{\partial t} \tag{4.3.4}$$

式(4.3.2)和式(4.3.4)相加，由于

$$\frac{\partial \boldsymbol{D}_1}{\partial t} \otimes \boldsymbol{B}_2 = \boldsymbol{D}_1 \otimes \frac{\partial \boldsymbol{B}_2}{\partial t}$$

因此有

$$(\nabla \times \boldsymbol{H}_1) \otimes \boldsymbol{B}_2 + \boldsymbol{D}_1 \otimes (\nabla \times \boldsymbol{E}_2) = \boldsymbol{J}_1 \otimes \boldsymbol{B}_2 \tag{4.3.5}$$

同理，有

$$(\nabla \times \boldsymbol{H}_2) \otimes \boldsymbol{B}_1 + \boldsymbol{D}_2 \otimes (\nabla \times \boldsymbol{E}_1) = \boldsymbol{J}_2 \otimes \boldsymbol{B}_1 \tag{4.3.6}$$

式(4.3.5)和式(4.3.6)相加，有

$$\begin{aligned}&(\nabla \times \boldsymbol{H}_1) \otimes \boldsymbol{B}_2 + \boldsymbol{D}_1 \otimes (\nabla \times \boldsymbol{E}_2) + (\nabla \times \boldsymbol{H}_2) \otimes \boldsymbol{B}_1 + \boldsymbol{D}_2 \otimes (\nabla \times \boldsymbol{E}_1) \\ &= \boldsymbol{J}_1 \otimes \boldsymbol{B}_2 + \boldsymbol{J}_2 \otimes \boldsymbol{B}_1\end{aligned} \tag{4.3.7}$$

恒等式(C7)为

$$\begin{aligned}&\nabla \cdot (\boldsymbol{A} \odot \boldsymbol{B}\boldsymbol{I} - \boldsymbol{A} \circledcirc \boldsymbol{B} - \boldsymbol{B} \circledcirc \boldsymbol{A}) \\ &= \boldsymbol{A} \otimes (\nabla \times \boldsymbol{B}) + \boldsymbol{B} \otimes (\nabla \times \boldsymbol{A}) - (\nabla \cdot \boldsymbol{A}) \circledcirc \boldsymbol{B} - (\nabla \cdot \boldsymbol{B}) \circledcirc \boldsymbol{A}\end{aligned} \tag{4.3.8}$$

将 $\boldsymbol{H}_1$ 和 $\boldsymbol{B}_2$ 代入式(4.3.8)，并利用 $\boldsymbol{B}_1 = \mu \boldsymbol{H}_1$， $\boldsymbol{B}_2 = \mu \boldsymbol{H}_2$， $\nabla \cdot \boldsymbol{B}_1 = 0$， $\nabla \cdot \boldsymbol{B}_2 = 0$，因此有

$$\nabla \cdot (\boldsymbol{H}_1 \odot \boldsymbol{B}_2 \boldsymbol{I} - \boldsymbol{H}_1 \circledcirc \boldsymbol{B}_2 - \boldsymbol{B}_2 \circledcirc \boldsymbol{H}_1) = \boldsymbol{B}_1 \otimes (\nabla \times \boldsymbol{H}_2) + \boldsymbol{B}_2 \otimes (\nabla \times \boldsymbol{H}_1)$$

或

$$\begin{aligned}&(\nabla \times \boldsymbol{H}_2) \otimes \boldsymbol{B}_1 + (\nabla \times \boldsymbol{H}_1) \otimes \boldsymbol{B}_2 \\ &= -\nabla \cdot (\boldsymbol{H}_1 \odot \boldsymbol{B}_2 \boldsymbol{I} - \boldsymbol{H}_1 \circledcirc \boldsymbol{B}_2 - \boldsymbol{B}_2 \circledcirc \boldsymbol{H}_1)\end{aligned} \tag{4.3.9}$$

将 $\boldsymbol{D}_1$ 和 $\boldsymbol{E}_2$ 代入式(4.3.8)，并利用 $\boldsymbol{D}_1 = \varepsilon \boldsymbol{E}_1$， $\boldsymbol{D}_2 = \varepsilon \boldsymbol{E}_2$， $\nabla \cdot \boldsymbol{D}_1 = \rho_1$， $\nabla \cdot \boldsymbol{D}_2 = \rho_2$，有

$$\begin{aligned}&\nabla \cdot (\boldsymbol{D}_1 \odot \boldsymbol{E}_2 \boldsymbol{I} - \boldsymbol{D}_1 \circledcirc \boldsymbol{E}_2 - \boldsymbol{E}_2 \circledcirc \boldsymbol{D}_1) \\ &= \boldsymbol{D}_1 \otimes (\nabla \times \boldsymbol{E}_2) + \boldsymbol{D}_2 \otimes (\nabla \times \boldsymbol{E}_1) - \rho_1 \circledcirc \boldsymbol{E}_2 - \rho_2 \circledcirc \boldsymbol{E}_1\end{aligned}$$

或

$$
\begin{aligned}
&\boldsymbol{D}_1 \otimes (\nabla \times \boldsymbol{E}_2) + \boldsymbol{D}_2 \otimes (\nabla \times \boldsymbol{E}_1) \\
&= \nabla \cdot (\boldsymbol{D}_1 \odot \boldsymbol{E}_2 \boldsymbol{I} - \boldsymbol{D}_1 \circledcirc \boldsymbol{E}_2 - \boldsymbol{E}_2 \circledcirc \boldsymbol{D}_1) + \rho_1 \circledcirc \boldsymbol{E}_2 + \rho_2 \circledcirc \boldsymbol{E}_1
\end{aligned}
\tag{4.3.10}
$$

式(4.3.9)与式(4.3.10)相加，有

$$
\begin{aligned}
&(\nabla \times \boldsymbol{H}_2) \otimes \boldsymbol{B}_1 + (\nabla \times \boldsymbol{H}_1) \otimes \boldsymbol{B}_2 + \boldsymbol{D}_1 \otimes (\nabla \times \boldsymbol{E}_2) + \boldsymbol{D}_2 \otimes (\nabla \times \boldsymbol{E}_1) \\
&= \nabla \cdot \left[(\boldsymbol{D}_1 \odot \boldsymbol{E}_2 \boldsymbol{I} - \boldsymbol{D}_1 \circledcirc \boldsymbol{E}_2 - \boldsymbol{E}_2 \circledcirc \boldsymbol{D}_1) - (\boldsymbol{H}_1 \odot \boldsymbol{B}_2 \boldsymbol{I} - \boldsymbol{H}_1 \circledcirc \boldsymbol{B}_2 - \boldsymbol{B}_2 \circledcirc \boldsymbol{H}_1) \right] \\
&\quad + \rho_1 \circledcirc \boldsymbol{E}_2 + \rho_2 \circledcirc \boldsymbol{E}_1
\end{aligned}
\tag{4.3.11}
$$

联合式(4.3.7)与式(4.3.11)可得

$$
\begin{aligned}
&\boldsymbol{J}_1 \otimes \boldsymbol{B}_2 + \boldsymbol{J}_2 \otimes \boldsymbol{B}_1 - \rho_1 \circledcirc \boldsymbol{E}_2 - \rho_2 \circledcirc \boldsymbol{E}_1 \\
&= \nabla \cdot \left[(\boldsymbol{D}_1 \odot \boldsymbol{E}_2 \boldsymbol{I} - \boldsymbol{D}_1 \circledcirc \boldsymbol{E}_2 - \boldsymbol{E}_2 \circledcirc \boldsymbol{D}_1) \right. \\
&\quad \left. - (\boldsymbol{H}_1 \odot \boldsymbol{B}_2 \boldsymbol{I} - \boldsymbol{H}_1 \circledcirc \boldsymbol{B}_2 - \boldsymbol{B}_2 \circledcirc \boldsymbol{H}_1) \right]
\end{aligned}
\tag{4.3.12}
$$

式(4.3.12)即为微分形式的时域动量互易方程。

对式(4.3.12)作体积分，有

$$
\begin{aligned}
&\int_V (\boldsymbol{J}_1 \otimes \boldsymbol{B}_2 + \boldsymbol{J}_2 \otimes \boldsymbol{B}_1 - \rho_1 \circledcirc \boldsymbol{E}_2 - \rho_2 \circledcirc \boldsymbol{E}_1) \mathrm{d}V \\
&= \oint_S \mathrm{d}\boldsymbol{S} \cdot \left[(\boldsymbol{D}_1 \odot \boldsymbol{E}_2 \boldsymbol{I} - \boldsymbol{D}_1 \circledcirc \boldsymbol{E}_2 - \boldsymbol{E}_2 \circledcirc \boldsymbol{D}_1) - (\boldsymbol{H}_1 \odot \boldsymbol{B}_2 \boldsymbol{I} - \boldsymbol{H}_1 \circledcirc \boldsymbol{B}_2 - \boldsymbol{B}_2 \circledcirc \boldsymbol{H}_1) \right] \\
&= -\oint_S \mathrm{d}\boldsymbol{S} \cdot \left[(\boldsymbol{H}_1 \odot \boldsymbol{B}_2 \boldsymbol{I} - \boldsymbol{H}_1 \circledcirc \boldsymbol{B}_2 - \boldsymbol{B}_2 \circledcirc \boldsymbol{H}_1) - (\boldsymbol{D}_1 \odot \boldsymbol{E}_2 \boldsymbol{I} - \boldsymbol{D}_1 \circledcirc \boldsymbol{E}_2 - \boldsymbol{E}_2 \circledcirc \boldsymbol{D}_1) \right]
\end{aligned}
\tag{4.3.13}
$$

式(4.3.13)即为积分形式的时域动量互易方程。

记

$$
\boldsymbol{\varPhi}_{\mathrm{e}1\circledcirc 2} = \boldsymbol{D}_1 \odot \boldsymbol{E}_2 \boldsymbol{I} - \boldsymbol{D}_1 \circledcirc \boldsymbol{E}_2 - \boldsymbol{E}_2 \circledcirc \boldsymbol{D}_1
$$

$$
\boldsymbol{\varPhi}_{\mathrm{m}1\circledcirc 2} = \boldsymbol{H}_1 \odot \boldsymbol{B}_2 \boldsymbol{I} - \boldsymbol{H}_1 \circledcirc \boldsymbol{B}_2 - \boldsymbol{B}_2 \circledcirc \boldsymbol{H}_1
$$

$$
\boldsymbol{F}_{\mathrm{e}1\circledcirc 2} = \rho_1 \circledcirc \boldsymbol{E}_2 + \rho_2 \circledcirc \boldsymbol{E}_1
$$

$$\boldsymbol{F}_{\mathrm{m}1\circledcirc 2} = \boldsymbol{J}_1 \otimes \boldsymbol{B}_2 + \boldsymbol{J}_2 \otimes \boldsymbol{B}_1$$

则有

$$\int_V \left(\boldsymbol{F}_{\mathrm{m}1\circledcirc 2} - \boldsymbol{F}_{\mathrm{e}1\circledcirc 2}\right)\mathrm{d}V = -\oint_S \mathrm{d}\boldsymbol{S}\cdot(\boldsymbol{\varPhi}_{\mathrm{m}1\circledcirc 2} - \boldsymbol{\varPhi}_{\mathrm{e}1\circledcirc 2}) \tag{4.3.14}$$

用位置矢量 $\boldsymbol{r}$ 叉乘式(4.3.13)，并利用式(C10)，可以得到时域角动量互易方程

$$\begin{aligned}&\int_V \boldsymbol{r}\times\left(\boldsymbol{J}_1 \otimes \boldsymbol{B}_2 + \boldsymbol{J}_2 \otimes \boldsymbol{B}_1 - \rho_1 \circledcirc \boldsymbol{E}_2 - \rho_2 \circledcirc \boldsymbol{E}_1\right)\mathrm{d}V\\ &= -\oint_S \mathrm{d}\boldsymbol{S}\cdot\left\{-\left[\left(\boldsymbol{H}_1 \odot \boldsymbol{B}_2 \boldsymbol{I} - \boldsymbol{H}_1 \circledcirc \boldsymbol{B}_2 - \boldsymbol{B}_2 \circledcirc \boldsymbol{H}_1\right)\right.\right.\\ &\left.\left.-\left(\boldsymbol{D}_1 \odot \boldsymbol{E}_2 \boldsymbol{I} - \boldsymbol{D}_1 \circledcirc \boldsymbol{E}_2 - \boldsymbol{E}_2 \circledcirc \boldsymbol{D}_1\right)\right]\times \boldsymbol{r}\right\}\end{aligned} \tag{4.3.15}$$

4.4　时域互动量方程

本节推导时域互动量方程，并参考 3.4 节的思路，推导“时域互相关互动量方程”。

麦克斯韦方程满足

$$\nabla\times\boldsymbol{H}_1 = \boldsymbol{J}_1 + \varepsilon\frac{\partial \boldsymbol{E}_1}{\partial t} \tag{4.4.1}$$

$$\nabla\times\boldsymbol{E}_2 = -\mu\frac{\partial \boldsymbol{H}_2}{\partial t} \tag{4.4.2}$$

式(4.4.1)叉乘 $\mu\boldsymbol{H}_2$，式(4.4.2)叉乘 $\varepsilon\boldsymbol{E}_1$，有

$$\mu\left(\nabla\times\boldsymbol{H}_1\right)\times\boldsymbol{H}_2 = \boldsymbol{J}_1\times\boldsymbol{B}_2 + \varepsilon\mu\frac{\partial \boldsymbol{E}_1}{\partial t}\times\boldsymbol{H}_2 \tag{4.4.3}$$

$$\varepsilon\left(\nabla\times\boldsymbol{E}_2\right)\times\boldsymbol{E}_1 = -\mu\varepsilon\frac{\partial \boldsymbol{H}_2}{\partial t}\times\boldsymbol{E}_1 = \mu\varepsilon\boldsymbol{E}_1\times\frac{\partial \boldsymbol{H}_2}{\partial t} \tag{4.4.4}$$

同理

$$\mu(\nabla\times\boldsymbol{H}_2)\times\boldsymbol{H}_1=\boldsymbol{J}_2\times\boldsymbol{B}_1+\varepsilon\mu\frac{\partial\boldsymbol{E}_2}{\partial t}\times\boldsymbol{H}_1 \tag{4.4.5}$$

$$\varepsilon(\nabla\times\boldsymbol{E}_1)\times\boldsymbol{E}_2=-\mu\varepsilon\frac{\partial\boldsymbol{H}_1}{\partial t}\times\boldsymbol{E}_2=\mu\varepsilon\boldsymbol{E}_2\times\frac{\partial\boldsymbol{H}_1}{\partial t} \tag{4.4.6}$$

式(4.4.3)～式(4.4.6)相加，有

$$\begin{aligned}&\mu(\nabla\times\boldsymbol{H}_1)\times\boldsymbol{H}_2+\mu(\nabla\times\boldsymbol{H}_2)\times\boldsymbol{H}_1+\varepsilon(\nabla\times\boldsymbol{E}_1)\times\boldsymbol{E}_2+\varepsilon(\nabla\times\boldsymbol{E}_2)\times\boldsymbol{E}_1\\&=\boldsymbol{J}_1\times\boldsymbol{B}_2+\boldsymbol{J}_2\times\boldsymbol{B}_1+\mu\varepsilon\frac{\partial}{\partial t}(\boldsymbol{E}_1\times\boldsymbol{H}_2+\boldsymbol{E}_2\times\boldsymbol{H}_1)\\&=\boldsymbol{J}_1\times\boldsymbol{B}_2+\boldsymbol{J}_2\times\boldsymbol{B}_1+\frac{\partial}{\partial t}(\boldsymbol{D}_1\times\boldsymbol{B}_2+\boldsymbol{D}_2\times\boldsymbol{B}_1)\end{aligned} \tag{4.4.7}$$

取式(4.1.10)“±”的“−”项时，与式(4.4.7)的左端是一致的，因此有

$$\begin{aligned}&\mu(\nabla\times\boldsymbol{H}_2)\times\boldsymbol{H}_1+\mu(\nabla\times\boldsymbol{H}_1)\times\boldsymbol{H}_2+\varepsilon(\nabla\times\boldsymbol{E}_2)\times\boldsymbol{E}_1+\varepsilon(\nabla\times\boldsymbol{E}_1)\times\boldsymbol{E}_2\\&=-\nabla\cdot(\boldsymbol{H}_1\boldsymbol{B}_2+\boldsymbol{B}_2\boldsymbol{H}_1-\boldsymbol{H}_1\cdot\boldsymbol{B}_2\boldsymbol{I}+\boldsymbol{D}_1\boldsymbol{E}_2+\boldsymbol{D}_2\boldsymbol{E}_1-\boldsymbol{D}_1\cdot\boldsymbol{E}_2\boldsymbol{I})-\rho_2\boldsymbol{E}_1-\rho_1\boldsymbol{E}_2\end{aligned} \tag{4.4.8}$$

联合式(4.4.7)和式(4.4.8)有

$$\begin{aligned}&\boldsymbol{J}_1\times\boldsymbol{B}_2+\boldsymbol{J}_2\times\boldsymbol{B}_1+\rho_2\boldsymbol{E}_1+\rho_1\boldsymbol{E}_2+\frac{\partial}{\partial t}(\boldsymbol{D}_1\times\boldsymbol{B}_2+\boldsymbol{D}_2\times\boldsymbol{B}_1)\\&=-\nabla\cdot(\boldsymbol{H}_1\cdot\boldsymbol{B}_2\boldsymbol{I}-\boldsymbol{H}_1\boldsymbol{B}_2-\boldsymbol{B}_2\boldsymbol{H}_1+\boldsymbol{D}_1\cdot\boldsymbol{E}_2\boldsymbol{I}-\boldsymbol{D}_1\boldsymbol{E}_2-\boldsymbol{D}_2\boldsymbol{E}_1)\end{aligned} \tag{4.4.9}$$

式(4.4.9)即为微分形式的时域互动量方程。

式(4.4.9)在体积 V 内积分，并利用高斯定理，可得

$$\begin{aligned}&\int_V(\boldsymbol{J}_1\times\boldsymbol{B}_2+\boldsymbol{J}_2\times\boldsymbol{B}_1+\rho_2\boldsymbol{E}_1+\rho_1\boldsymbol{E}_2)\mathrm{d}V+\int_V\frac{\partial}{\partial t}(\boldsymbol{D}_1\times\boldsymbol{B}_2+\boldsymbol{D}_2\times\boldsymbol{B}_1)\mathrm{d}V\\&=-\oint_S\mathrm{d}\boldsymbol{S}\cdot(\boldsymbol{H}_1\cdot\boldsymbol{B}_2\boldsymbol{I}-\boldsymbol{H}_1\boldsymbol{B}_2-\boldsymbol{B}_2\boldsymbol{H}_1+\boldsymbol{D}_1\cdot\boldsymbol{E}_2\boldsymbol{I}-\boldsymbol{D}_1\boldsymbol{E}_2-\boldsymbol{D}_2\boldsymbol{E}_1)\end{aligned} \tag{4.4.10}$$

式(4.4.10)即为积分形式的时域互动量方程。

若令

$$\boldsymbol{f}_{12}=\boldsymbol{J}_1\times\boldsymbol{B}_2+\rho_1\boldsymbol{E}_2+\boldsymbol{J}_2\times\boldsymbol{B}_1+\rho_2\boldsymbol{E}_1$$

$$\boldsymbol{g}_{\mathrm{f}12}=\boldsymbol{D}_1\times\boldsymbol{B}_2+\boldsymbol{D}_2\times\boldsymbol{B}_1$$

$$\boldsymbol{\phi}_{12}=\boldsymbol{H}_1\cdot\boldsymbol{B}_2\boldsymbol{I}-\boldsymbol{H}_1\boldsymbol{B}_2-\boldsymbol{B}_2\boldsymbol{H}_1+\boldsymbol{D}_1\cdot\boldsymbol{E}_2\boldsymbol{I}-\boldsymbol{D}_1\boldsymbol{E}_2-\boldsymbol{D}_2\boldsymbol{E}_1$$

则式(4.4.9)和式(4.4.10)可简记为

$$\boldsymbol{f}_{12}+\frac{\partial\boldsymbol{g}_{\mathrm{f}12}}{\partial t}=-\nabla\cdot\boldsymbol{\phi}_{12}\tag{4.4.11a}$$

$$\int_V\boldsymbol{f}_{12}\mathrm{d}V+\int_V\frac{\partial\boldsymbol{g}_{\mathrm{f}12}}{\partial t}\mathrm{d}V=-\oint_S\mathrm{d}\boldsymbol{S}\cdot\boldsymbol{\phi}_{12}\tag{4.4.11b}$$

下面分析时域互动量方程与频域互动量方程的关系。

若两个电磁场均为时谐场，设 $\boldsymbol{D}=\boldsymbol{D}_0\cos(\omega t+\phi_1)$， $\boldsymbol{B}=\boldsymbol{B}_0\cos(\omega t+\phi_2)$，下面对 $\frac{\partial}{\partial t}(\boldsymbol{D}\times\boldsymbol{B})$ 取周期平均，有

$$\begin{aligned}&\frac{1}{T}\int_0^T\frac{\partial}{\partial t}(\boldsymbol{D}\times\boldsymbol{B})\mathrm{d}t\\&=\frac{1}{2T}\boldsymbol{D}_0\times\boldsymbol{B}_0\int_0^T\frac{\partial}{\partial t}\left[\cos(\phi_1-\phi_2)+\cos(\omega t+\phi_1+\phi_2)\right]\mathrm{d}t=0\end{aligned}\tag{4.4.12}$$

则式(4.4.10)取时间平均后，式中 $\frac{\partial}{\partial t}(\boldsymbol{D}_1\times\boldsymbol{B}_2+\boldsymbol{D}_2\times\boldsymbol{B}_1)$ 被消去了，在物理意义上这和频域互动量方程，即式(4.2.21)是一致的。

若两个电磁场为非时谐场的任意瞬变场，时域互动量方程中包含互动量项 $\frac{\partial\boldsymbol{g}_{\mathrm{f}12}}{\partial t}$，不便于应用。为解决此问题，可以参考 3.4 节的思路，推导“时域互相关互动量方程”。本节直接从时域动量互易定理出发，给出简洁的公式推导过程。

对式(4.3.13)中角标为“2”的量取时间反转，有

$$\int_V \left(\boldsymbol{J}_1 \otimes \bar{\boldsymbol{B}}_2 + \bar{\boldsymbol{J}}_2 \otimes \boldsymbol{B}_1 - \rho_1 \circledcirc \bar{\boldsymbol{E}}_2 - \bar{\rho}_2 \circledcirc \boldsymbol{E}_1\right) \mathrm{d}V$$
$$= -\oint_S \mathrm{d}\boldsymbol{S} \cdot \left[\left(\boldsymbol{H}_1 \odot \bar{\boldsymbol{B}}_2 \boldsymbol{I} - \boldsymbol{H}_1 \circledcirc \bar{\boldsymbol{B}}_2 - \bar{\boldsymbol{B}}_2 \circledcirc \boldsymbol{H}_1\right) \right. \tag{4.4.13}$$
$$\left. -\left(\boldsymbol{D}_1 \odot \bar{\boldsymbol{E}}_2 \boldsymbol{I} - \boldsymbol{D}_1 \circledcirc \bar{\boldsymbol{E}}_2 - \bar{\boldsymbol{E}}_2 \circledcirc \boldsymbol{D}_1\right)\right]$$

即

$$\int_V \left[\boldsymbol{J}_1(r,t) \otimes \boldsymbol{B}_2(r,-t) + \boldsymbol{J}_2(r,-t) \otimes \boldsymbol{B}_1(r,t) + \rho_1(r,t)\right.$$
$$\left. \circledcirc \boldsymbol{E}_2(r,-t) + \rho_2(r,-t) \circledcirc \boldsymbol{E}_1(r,t)\right] \mathrm{d}V$$
$$= -\oint_S \mathrm{d}\boldsymbol{S} \cdot \left\{\left[\boldsymbol{H}_1(r,t) \odot \boldsymbol{B}_2(r,-t)\boldsymbol{I} - \boldsymbol{H}_1(r,t) \circledcirc \boldsymbol{B}_2(r,-t) - \boldsymbol{B}_2(r,-t) \circledcirc \boldsymbol{H}_1(r,t)\right]\right.$$
$$\left. + \left[\boldsymbol{D}_1(r,t) \odot \boldsymbol{E}_2(r,-t)\boldsymbol{I} - \boldsymbol{D}_1(r,t) \circledcirc \boldsymbol{E}_2(r,-t) - \boldsymbol{E}_2(r,-t) \circledcirc \boldsymbol{D}_1(r,t)\right]\right\}$$
$$\tag{4.4.14}$$

式(4.4.14)可等价为如下互相关运算形式：

$$\int_V R\left(\boldsymbol{J}_1 \times \boldsymbol{B}_2 + \boldsymbol{J}_2 \times \boldsymbol{B}_1 + \rho_1 \boldsymbol{E}_2 + \rho_2 \boldsymbol{E}_1\right) \mathrm{d}V$$
$$= -\oint_S R\left[\nabla \cdot \left(\boldsymbol{H}_1 \cdot \boldsymbol{B}_2 \boldsymbol{I} - \boldsymbol{H}_1 \boldsymbol{B}_2 - \boldsymbol{B}_2 \boldsymbol{H}_1\right)\right. \tag{4.4.15}$$
$$\left. + \nabla \cdot \left(\boldsymbol{D}_1 \cdot \boldsymbol{E}_2 \boldsymbol{I} - \boldsymbol{D}_1 \boldsymbol{E}_2 - \boldsymbol{E}_2 \boldsymbol{D}_1\right)\right] \cdot \mathrm{d}\boldsymbol{S}$$

式中，$R[\cdot]$表示作“互相关”运算。关于互相关的符号定义及运算法则见附录 B。

4.5　另一个频域动量互易方程

前面介绍的动量互易公式反映的是电流源与磁通密度的叉乘关系以及电荷源与电场强度的相乘关系，还应有反映电流源与电通密度的叉乘关系以及电荷源与磁场强度的相乘关系的定理，本节导出反映这两种关系的公式。

安培定律满足

$$\nabla \times \boldsymbol{H}_1 = \boldsymbol{J}_1 + \mathrm{j}\omega \boldsymbol{D}_1 \tag{4.5.1a}$$

法拉第电磁感应定律为

$$\nabla\times\boldsymbol{E}_2=-\mathrm{j}\omega\boldsymbol{B}_2 \tag{4.5.1b}$$

式(4.5.1a)叉乘 $\boldsymbol{D}_2$，有

$$(\nabla\times\boldsymbol{H}_1)\times\boldsymbol{D}_2=\boldsymbol{J}_1\times\boldsymbol{D}_2+\mathrm{j}\omega\boldsymbol{D}_1\times\boldsymbol{D}_2 \tag{4.5.2}$$

式(4.5.1b)叉乘 $\varepsilon\boldsymbol{H}_1$，有

$$\varepsilon(\nabla\times\boldsymbol{E}_2)\times\boldsymbol{H}_1=-\mathrm{j}\omega\varepsilon\boldsymbol{B}_2\times\boldsymbol{H}_1 \tag{4.5.3}$$

式(4.5.2)与式(4.5.3)相加，有

$$\begin{aligned}&\left(\nabla\times\boldsymbol{H}_1\right)\times\boldsymbol{D}_2+\varepsilon\left(\nabla\times\boldsymbol{E}_2\right)\times\boldsymbol{H}_1\\&=\boldsymbol{J}_1\times\boldsymbol{D}_2+\mathrm{j}\omega\boldsymbol{D}_1\times\boldsymbol{D}_2-\mathrm{j}\omega\varepsilon\boldsymbol{B}_2\times\boldsymbol{H}_1\end{aligned} \tag{4.5.4}$$

同理有

$$\begin{aligned}&\left(\nabla\times\boldsymbol{H}_2\right)\times\boldsymbol{D}_1+\varepsilon\left(\nabla\times\boldsymbol{E}_1\right)\times\boldsymbol{H}_2\\&=\boldsymbol{J}_2\times\boldsymbol{D}_1+\mathrm{j}\omega\boldsymbol{D}_2\times\boldsymbol{D}_1-\mathrm{j}\omega\varepsilon\boldsymbol{B}_1\times\boldsymbol{H}_2\end{aligned} \tag{4.5.5}$$

式(4.5.4)与式(4.5.5)相加，有

$$\begin{aligned}&\left(\nabla\times\boldsymbol{H}_1\right)\times\boldsymbol{D}_2+\varepsilon\left(\nabla\times\boldsymbol{E}_2\right)\times\boldsymbol{H}_1+\left(\nabla\times\boldsymbol{H}_2\right)\times\boldsymbol{D}_1+\varepsilon\left(\nabla\times\boldsymbol{E}_1\right)\times\boldsymbol{H}_2\\&=\boldsymbol{J}_1\times\boldsymbol{D}_2+\boldsymbol{J}_2\times\boldsymbol{D}_1\end{aligned} \tag{4.5.6}$$

恒等式(C4)为

$$\begin{aligned}&\nabla\cdot\left(\boldsymbol{A}\cdot\boldsymbol{B}\boldsymbol{I}-\boldsymbol{A}\boldsymbol{B}-\boldsymbol{B}\boldsymbol{A}\right)\\&=\boldsymbol{A}\times\left(\nabla\times\boldsymbol{B}\right)+\boldsymbol{B}\times\left(\nabla\times\boldsymbol{A}\right)-\left(\nabla\cdot\boldsymbol{A}\right)\boldsymbol{B}-\left(\nabla\cdot\boldsymbol{B}\right)\boldsymbol{A}\end{aligned} \tag{4.5.7}$$

利用式(4.5.7)，并考虑到 $\boldsymbol{D}_1=\varepsilon\boldsymbol{E}_1$，$\boldsymbol{D}_2=\varepsilon\boldsymbol{E}_2$，$\nabla\cdot\boldsymbol{H}_1=0$，$\nabla\cdot\boldsymbol{H}_2=0$，$\nabla\cdot\boldsymbol{D}_1=\rho_1$，$\nabla\cdot\boldsymbol{D}_2=\rho_2$，有

$$\begin{aligned}&\nabla\cdot\left(\boldsymbol{H}_1\cdot\boldsymbol{D}_2\boldsymbol{I}-\boldsymbol{H}_1\boldsymbol{D}_2-\boldsymbol{D}_2\boldsymbol{H}_1\right)\\&=\boldsymbol{D}_2\times\left(\nabla\times\boldsymbol{H}_1\right)+\varepsilon\boldsymbol{H}_1\times\left(\nabla\times\boldsymbol{E}_2\right)-(\nabla\cdot\boldsymbol{H}_1)\boldsymbol{D}_2-(\nabla\cdot\boldsymbol{D}_2)\boldsymbol{H}_1\\&=\boldsymbol{D}_2\times\left(\nabla\times\boldsymbol{H}_1\right)+\varepsilon\boldsymbol{H}_1\times\left(\nabla\times\boldsymbol{E}_2\right)-\rho_2\boldsymbol{H}_1\end{aligned} \tag{4.5.8}$$

同理有

$$\begin{aligned}&\nabla\cdot\left(\boldsymbol{H}_2\cdot\boldsymbol{D}_1\boldsymbol{I}-\boldsymbol{H}_2\boldsymbol{D}_1-\boldsymbol{D}_1\boldsymbol{H}_2\right)\\&=\boldsymbol{D}_1\times\left(\nabla\times\boldsymbol{H}_2\right)+\varepsilon\boldsymbol{H}_2\times\left(\nabla\times\boldsymbol{E}_1\right)-(\nabla\cdot\boldsymbol{H}_2)\boldsymbol{D}_1-(\nabla\cdot\boldsymbol{D}_1)\boldsymbol{H}_2\\&=\boldsymbol{D}_1\times\left(\nabla\times\boldsymbol{H}_2\right)+\varepsilon\boldsymbol{H}_2\times\left(\nabla\times\boldsymbol{E}_1\right)-\rho_1\boldsymbol{H}_2\end{aligned}\tag{4.5.9}$$

式(4.5.8)与式(4.5.9)相加并整理，有

$$\begin{aligned}&\left(\nabla\times\boldsymbol{H}_1\right)\times\boldsymbol{D}_2+\varepsilon\left(\nabla\times\boldsymbol{E}_2\right)\times\boldsymbol{H}_1+\left(\nabla\times\boldsymbol{H}_2\right)\times\boldsymbol{D}_1+\varepsilon\left(\nabla\times\boldsymbol{E}_1\right)\times\boldsymbol{H}_2\\&=-\nabla\cdot\left(\boldsymbol{H}_1\cdot\boldsymbol{D}_2\boldsymbol{I}+\boldsymbol{H}_2\cdot\boldsymbol{D}_1\boldsymbol{I}-\boldsymbol{H}_1\boldsymbol{D}_2-\boldsymbol{D}_2\boldsymbol{H}_1-\boldsymbol{H}_2\boldsymbol{D}_1-\boldsymbol{D}_1\boldsymbol{H}_2\right)\\&\quad-\rho_1\boldsymbol{H}_2-\rho_2\boldsymbol{H}_1\end{aligned}\tag{4.5.10}$$

联合式(4.5.6)和式(4.5.10)有

$$\begin{aligned}&\boldsymbol{J}_1\times\boldsymbol{D}_2+\boldsymbol{J}_2\times\boldsymbol{D}_1+\rho_1\boldsymbol{H}_2+\rho_2\boldsymbol{H}_1\\&=-\nabla\cdot\left(\boldsymbol{H}_1\cdot\boldsymbol{D}_2\boldsymbol{I}+\boldsymbol{H}_2\cdot\boldsymbol{D}_1\boldsymbol{I}-\boldsymbol{H}_1\boldsymbol{D}_2-\boldsymbol{D}_2\boldsymbol{H}_1-\boldsymbol{H}_2\boldsymbol{D}_1-\boldsymbol{D}_1\boldsymbol{H}_2\right)\end{aligned}\tag{4.5.11}$$

对式(4.5.11)作体积分，有

$$\begin{aligned}&\int_V\left(\boldsymbol{J}_1\times\boldsymbol{D}_2+\boldsymbol{J}_2\times\boldsymbol{D}_1+\rho_1\boldsymbol{H}_2+\rho_2\boldsymbol{H}_1\right)\mathrm{d}V\\&=-\oint_S\mathrm{d}\boldsymbol{S}\cdot\left(\boldsymbol{H}_1\cdot\boldsymbol{D}_2\boldsymbol{I}+\boldsymbol{H}_2\cdot\boldsymbol{D}_1\boldsymbol{I}-\boldsymbol{H}_1\boldsymbol{D}_2-\boldsymbol{D}_2\boldsymbol{H}_1-\boldsymbol{H}_2\boldsymbol{D}_1-\boldsymbol{D}_1\boldsymbol{H}_2\right)\end{aligned}\tag{4.5.12}$$

4.6　另一个时域动量互易方程

安培定律为

$$\nabla\times\boldsymbol{H}_1=\boldsymbol{J}_1+\varepsilon\frac{\partial\boldsymbol{E}_1}{\partial t}\tag{4.6.1}$$

式(4.6.1)对 $\boldsymbol{E}_2$ 作叉卷积运算，有

$$(\nabla\times\boldsymbol{H}_1)\otimes\boldsymbol{E}_2=\boldsymbol{J}_1\otimes\boldsymbol{E}_2+\varepsilon\frac{\partial\boldsymbol{E}_1}{\partial t}\otimes\boldsymbol{E}_2\tag{4.6.2}$$

法拉第电磁感应定律为

$$\nabla \times \boldsymbol{E}_2 = -\mu \frac{\partial \boldsymbol{H}_2}{\partial t} \tag{4.6.3}$$

式(4.6.3)两端对 $\boldsymbol{H}_1$ 作叉卷积运算，有

$$(\nabla \times \boldsymbol{E}_2) \otimes \boldsymbol{H}_1 = -\mu \frac{\partial \boldsymbol{H}_2}{\partial t} \otimes \boldsymbol{H}_1 \tag{4.6.4}$$

式(4.6.2)和式(4.6.4)相加，有

$$\begin{aligned} &\left(\nabla \times \boldsymbol{H}_1\right) \otimes \boldsymbol{E}_2 + \left(\nabla \times \boldsymbol{E}_2\right) \otimes \boldsymbol{H}_1 \\ &= \boldsymbol{J}_1 \otimes \boldsymbol{E}_2 + \varepsilon \frac{\partial \boldsymbol{E}_1}{\partial t} \otimes \boldsymbol{E}_2 - \mu \frac{\partial \boldsymbol{H}_2}{\partial t} \otimes \boldsymbol{H}_1 \end{aligned} \tag{4.6.5}$$

同理

$$\begin{aligned} &\left(\nabla \times \boldsymbol{H}_2\right) \otimes \boldsymbol{E}_1 + \left(\nabla \times \boldsymbol{E}_1\right) \otimes \boldsymbol{H}_2 \\ &= \boldsymbol{J}_2 \otimes \boldsymbol{E}_1 + \varepsilon \frac{\partial \boldsymbol{E}_2}{\partial t} \otimes \boldsymbol{E}_1 - \mu \frac{\partial \boldsymbol{H}_1}{\partial t} \otimes \boldsymbol{H}_2 \end{aligned} \tag{4.6.6}$$

式(4.6.5)和式(4.6.6)相加，有

$$\begin{aligned} &\left(\nabla \times \boldsymbol{H}_1\right) \otimes \boldsymbol{E}_2 + \left(\nabla \times \boldsymbol{E}_2\right) \otimes \boldsymbol{H}_1 + \left(\nabla \times \boldsymbol{H}_2\right) \otimes \boldsymbol{E}_1 + \left(\nabla \times \boldsymbol{E}_1\right) \otimes \boldsymbol{H}_2 \\ &= \boldsymbol{J}_1 \otimes \boldsymbol{E}_2 + \boldsymbol{J}_2 \otimes \boldsymbol{E}_1 \end{aligned} \tag{4.6.7}$$

恒等式(C7)为

$$\begin{aligned} &\nabla \cdot \left(\boldsymbol{A} \odot \boldsymbol{B}\boldsymbol{I} - \boldsymbol{A} \circledcirc \boldsymbol{B} - \boldsymbol{B} \circledcirc \boldsymbol{A}\right) \\ &= \boldsymbol{A} \otimes \left(\nabla \times \boldsymbol{B}\right) + \boldsymbol{B} \otimes \left(\nabla \times \boldsymbol{A}\right) - \left(\nabla \cdot \boldsymbol{A}\right) \circledcirc \boldsymbol{B} - \left(\nabla \cdot \boldsymbol{B}\right) \circledcirc \boldsymbol{A} \end{aligned} \tag{4.6.8}$$

将 $\boldsymbol{H}_1$ 和 $\boldsymbol{E}_2$ 代入式(4.6.8)，并利用 $\nabla \cdot \boldsymbol{H}_1 = 0$ 和 $\nabla \cdot \boldsymbol{E}_2 = \frac{\rho_2}{\varepsilon}$，得

$$\begin{aligned} &\nabla \cdot \left(\boldsymbol{H}_1 \odot \boldsymbol{E}_2 \boldsymbol{I} - \boldsymbol{H}_1 \circledcirc \boldsymbol{E}_2 - \boldsymbol{E}_2 \circledcirc \boldsymbol{H}_1\right) \\ &= \boldsymbol{H}_1 \otimes \left(\nabla \times \boldsymbol{E}_2\right) + \boldsymbol{E}_2 \otimes \left(\nabla \times \boldsymbol{H}_1\right) - \left(\nabla \cdot \boldsymbol{H}_1\right) \circledcirc \boldsymbol{E}_2 - \left(\nabla \cdot \boldsymbol{E}_2\right) \circledcirc \boldsymbol{H}_1 \\ &= \boldsymbol{H}_1 \otimes \left(\nabla \times \boldsymbol{E}_2\right) + \boldsymbol{E}_2 \otimes \left(\nabla \times \boldsymbol{H}_1\right) - \frac{\rho_2}{\varepsilon} \circledcirc \boldsymbol{H}_1 \end{aligned}$$

进一步，有

$$
\begin{aligned}
&(\nabla\times\boldsymbol{E}_2)\otimes\boldsymbol{H}_1+(\nabla\times\boldsymbol{H}_1)\otimes\boldsymbol{E}_2\\
&=-\nabla\cdot(\boldsymbol{H}_1\odot\boldsymbol{E}_2\boldsymbol{I}-\boldsymbol{H}_1\circledcirc\boldsymbol{E}_2-\boldsymbol{E}_2\circledcirc\boldsymbol{H}_1)-\frac{\rho_2}{\varepsilon}\circledcirc\boldsymbol{H}_1
\end{aligned}
\tag{4.6.9}
$$

同理，有

$$
\begin{aligned}
&(\nabla\times\boldsymbol{E}_1)\otimes\boldsymbol{H}_2+(\nabla\times\boldsymbol{H}_2)\otimes\boldsymbol{E}_1\\
&=-\nabla\cdot(\boldsymbol{H}_2\odot\boldsymbol{E}_1\boldsymbol{I}-\boldsymbol{H}_2\circledcirc\boldsymbol{E}_1-\boldsymbol{E}_1\circledcirc\boldsymbol{H}_2)-\frac{\rho_1}{\varepsilon}\circledcirc\boldsymbol{H}_2
\end{aligned}
\tag{4.6.10}
$$

式(4.6.9)与式(4.6.10)相加，有

$$
\begin{aligned}
&(\nabla\times\boldsymbol{E}_2)\otimes\boldsymbol{H}_1+(\nabla\times\boldsymbol{H}_1)\otimes\boldsymbol{E}_2+(\nabla\times\boldsymbol{E}_1)\otimes\boldsymbol{H}_2+(\nabla\times\boldsymbol{H}_2)\otimes\boldsymbol{E}_1\\
&=-\nabla\cdot(\boldsymbol{H}_1\odot\boldsymbol{E}_2\boldsymbol{I}-\boldsymbol{H}_1\circledcirc\boldsymbol{E}_2-\boldsymbol{E}_2\circledcirc\boldsymbol{H}_1+\boldsymbol{H}_2\odot\boldsymbol{E}_1\boldsymbol{I}-\boldsymbol{H}_2\circledcirc\boldsymbol{E}_1-\boldsymbol{E}_1\circledcirc\boldsymbol{H}_2)\\
&\quad-\frac{\rho_1}{\varepsilon}\circledcirc\boldsymbol{H}_2-\frac{\rho_2}{\varepsilon}\circledcirc\boldsymbol{H}_1
\end{aligned}
\tag{4.6.11}
$$

联合式(4.6.7)与式(4.6.11)，并利用$\boldsymbol{D}_1=\varepsilon\boldsymbol{E}_1$，$\boldsymbol{D}_2=\varepsilon\boldsymbol{E}_2$，有

$$
\begin{aligned}
&\boldsymbol{J}_1\otimes\boldsymbol{D}_2+\boldsymbol{J}_2\otimes\boldsymbol{D}_1+\rho_1\circledcirc\boldsymbol{H}_2+\rho_2\circledcirc\boldsymbol{H}_1\\
&=-\nabla\cdot(\boldsymbol{H}_2\odot\boldsymbol{D}_1\boldsymbol{I}-\boldsymbol{H}_2\circledcirc\boldsymbol{D}_1-\boldsymbol{D}_1\circledcirc\boldsymbol{H}_2\\
&\quad+\boldsymbol{H}_1\odot\boldsymbol{D}_2\boldsymbol{I}-\boldsymbol{H}_1\circledcirc\boldsymbol{D}_2-\boldsymbol{D}_2\circledcirc\boldsymbol{H}_1)
\end{aligned}
\tag{4.6.12}
$$

对式(4.6.12)作积分，并利用高斯定理，有

$$
\begin{aligned}
&\int_V(\boldsymbol{J}_1\otimes\boldsymbol{D}_2+\boldsymbol{J}_2\otimes\boldsymbol{D}_1+\rho_1\circledcirc\boldsymbol{H}_2+\rho_2\circledcirc\boldsymbol{H}_1)\mathrm{d}V\\
&=-\oint_S\mathrm{d}\boldsymbol{S}\cdot(\boldsymbol{H}_2\odot\boldsymbol{D}_1\boldsymbol{I}-\boldsymbol{H}_2\circledcirc\boldsymbol{D}_1-\boldsymbol{D}_1\circledcirc\boldsymbol{H}_2\\
&\quad+\boldsymbol{H}_1\odot\boldsymbol{D}_2\boldsymbol{I}-\boldsymbol{H}_1\circledcirc\boldsymbol{D}_2-\boldsymbol{D}_2\circledcirc\boldsymbol{H}_1)
\end{aligned}
\tag{4.6.13}
$$

4.7　动量型互易方程的特殊形式

动量型互易方程包括

$$\begin{aligned}&\int_V \left(\boldsymbol{J}_1\times\boldsymbol{B}_2+\boldsymbol{J}_2\times\boldsymbol{B}_1-\rho_1\boldsymbol{E}_2-\rho_2\boldsymbol{E}_1\right)\mathrm{d}V\\&=-\oint_S \mathrm{d}S\boldsymbol{e}_n\cdot\left[\left(\boldsymbol{H}_1\cdot\boldsymbol{B}_2\boldsymbol{I}-\boldsymbol{H}_1\boldsymbol{B}_2-\boldsymbol{B}_2\boldsymbol{H}_1\right)-\left(\boldsymbol{D}_1\cdot\boldsymbol{E}_2\boldsymbol{I}-\boldsymbol{D}_1\boldsymbol{E}_2-\boldsymbol{E}_2\boldsymbol{D}_1\right)\right]\end{aligned}\tag{4.7.1a}$$

$$\begin{aligned}&\int_V \left[\boldsymbol{J}_1\times\boldsymbol{B}_2+\boldsymbol{J}_2\times\boldsymbol{B}_1+\rho_1\boldsymbol{E}_2+\rho_2\boldsymbol{E}_1+2\mathrm{j}\omega(\boldsymbol{D}_2\times\boldsymbol{B}_1+\boldsymbol{D}_1\times\boldsymbol{B}_2)\right]\mathrm{d}V\\&=-\oint_S \mathrm{d}S\boldsymbol{e}_n\cdot\left[\left(\boldsymbol{H}_1\cdot\boldsymbol{B}_2\boldsymbol{I}-\boldsymbol{H}_1\boldsymbol{B}_2-\boldsymbol{B}_2\boldsymbol{H}_1\right)+\left(\boldsymbol{D}_1\cdot\boldsymbol{E}_2\boldsymbol{I}-\boldsymbol{D}_1\boldsymbol{E}_2-\boldsymbol{E}_2\boldsymbol{D}_1\right)\right]\end{aligned}\tag{4.7.1b}$$

$$\begin{aligned}&\int_V \left(\boldsymbol{J}_1\otimes\boldsymbol{B}_2+\boldsymbol{J}_2\otimes\boldsymbol{B}_1-\rho_1\circledcirc\boldsymbol{E}_2-\rho_2\circledcirc\boldsymbol{E}_1\right)\mathrm{d}V\\&=-\oint_S \mathrm{d}S\boldsymbol{e}_n\cdot\left[\left(\boldsymbol{H}_1\odot\boldsymbol{B}_2\boldsymbol{I}-\boldsymbol{H}_1\circledcirc\boldsymbol{B}_2-\boldsymbol{B}_2\circledcirc\boldsymbol{H}_1\right)\right.\\&\left.-\left(\boldsymbol{D}_1\odot\boldsymbol{E}_2\boldsymbol{I}-\boldsymbol{D}_1\circledcirc\boldsymbol{E}_2-\boldsymbol{E}_2\circledcirc\boldsymbol{D}_1\right)\right]\end{aligned}\tag{4.7.1c}$$

$$\begin{aligned}&\int_V \boldsymbol{r}\times\left(\boldsymbol{J}_1\otimes\boldsymbol{B}_2+\boldsymbol{J}_2\otimes\boldsymbol{B}_1-\rho_1\circledcirc\boldsymbol{E}_2-\rho_2\circledcirc\boldsymbol{E}_1\right)\mathrm{d}V\\&=-\oint_S \mathrm{d}S\boldsymbol{e}_n\cdot\left\{-\left[\left(\boldsymbol{H}_1\odot\boldsymbol{B}_2\boldsymbol{I}-\boldsymbol{H}_1\circledcirc\boldsymbol{B}_2-\boldsymbol{B}_2\circledcirc\boldsymbol{H}_1\right)\right.\right.\\&\left.\left.-\left(\boldsymbol{D}_1\odot\boldsymbol{E}_2\boldsymbol{I}-\boldsymbol{D}_1\circledcirc\boldsymbol{E}_2-\boldsymbol{E}_2\circledcirc\boldsymbol{D}_1\right)\right]\times\boldsymbol{r}\right\}\end{aligned}\tag{4.7.1d}$$

式中，$\boldsymbol{e}_n$为闭合曲面S的单位外法向矢量。

由普遍情况下互易定理的一般表达式可以导出几种特殊情况下的简化形式。

(1) 两组源$(\rho_1,\boldsymbol{J}_1)$和$(\rho_2,\boldsymbol{J}_2)$均在体积$V$外。体积$V$为无源空间，式(4.7.1)简化为

$$\begin{aligned}&\oint_S \mathrm{d}S\boldsymbol{e}_n\cdot\left[\left(\boldsymbol{H}_1\cdot\boldsymbol{B}_2\boldsymbol{I}-\boldsymbol{H}_1\boldsymbol{B}_2-\boldsymbol{B}_2\boldsymbol{H}_1\right)\right.\\&\left.-\left(\boldsymbol{D}_1\cdot\boldsymbol{E}_2\boldsymbol{I}-\boldsymbol{D}_1\boldsymbol{E}_2-\boldsymbol{E}_2\boldsymbol{D}_1\right)\right]=0\end{aligned}\tag{4.7.2a}$$

$$\begin{aligned}&\int_V \left[2\mathrm{j}\omega(\boldsymbol{D}_2\times\boldsymbol{B}_1+\boldsymbol{D}_1\times\boldsymbol{B}_2)\right]\mathrm{d}V\\&=-\oint_S \mathrm{d}S\boldsymbol{e}_n\cdot\left[\left(\boldsymbol{H}_1\cdot\boldsymbol{B}_2\boldsymbol{I}-\boldsymbol{H}_1\boldsymbol{B}_2-\boldsymbol{B}_2\boldsymbol{H}_1\right)+\left(\boldsymbol{D}_1\cdot\boldsymbol{E}_2\boldsymbol{I}-\boldsymbol{D}_1\boldsymbol{E}_2-\boldsymbol{E}_2\boldsymbol{D}_1\right)\right]\end{aligned}\tag{4.7.2b}$$

$$\oint_S \mathrm{d}S\boldsymbol{e}_n \cdot \Big[\big(\boldsymbol{H}_1 \odot \boldsymbol{B}_2 \boldsymbol{I} - \boldsymbol{H}_1 \circledcirc \boldsymbol{B}_2 - \boldsymbol{B}_2 \circledcirc \boldsymbol{H}_1 \big) - \big(\boldsymbol{D}_1 \odot \boldsymbol{E}_2 \boldsymbol{I} - \boldsymbol{D}_1 \circledcirc \boldsymbol{E}_2 - \boldsymbol{E}_2 \circledcirc \boldsymbol{D}_1 \big) \Big] = 0 \tag{4.7.2c}$$

$$\oint_S \mathrm{d}S\boldsymbol{e}_n \cdot \Big\{ \Big[\big(\boldsymbol{H}_1 \odot \boldsymbol{B}_2 \boldsymbol{I} - \boldsymbol{H}_1 \circledcirc \boldsymbol{B}_2 - \boldsymbol{B}_2 \circledcirc \boldsymbol{H}_1 \big) - \big(\boldsymbol{D}_1 \odot \boldsymbol{E}_2 \boldsymbol{I} - \boldsymbol{D}_1 \circledcirc \boldsymbol{E}_2 - \boldsymbol{E}_2 \circledcirc \boldsymbol{D}_1 \big) \Big] \times \boldsymbol{r} \Big\} = 0 \tag{4.7.2d}$$

式(4.7.2b)与其他公式不同，除了面积分外，还包含体积分项，不易于应用。

(2) 两组源$(\rho_1, \boldsymbol{J}_1)$和$(\rho_2, \boldsymbol{J}_2)$均在体积$V$内，可以证明式(4.7.1)中所有面积分为零。互易定理可简化为

$$\int_V \big(\boldsymbol{J}_1 \times \boldsymbol{B}_2 + \boldsymbol{J}_2 \times \boldsymbol{B}_1 - \rho_1 \boldsymbol{E}_2 - \rho_2 \boldsymbol{E}_1 \big) \mathrm{d}V = 0 \tag{4.7.3a}$$

$$\int_V \big(\boldsymbol{J}_1 \times \boldsymbol{B}_2 + \boldsymbol{J}_2 \times \boldsymbol{B}_1 + \rho_1 \boldsymbol{E}_2 + \rho_2 \boldsymbol{E}_1 \big) \mathrm{d}V + \int_V 2\mathrm{j}\omega (\boldsymbol{D}_2 \times \boldsymbol{B}_1 + \boldsymbol{D}_1 \times \boldsymbol{B}_2) \mathrm{d}V = 0 \tag{4.7.3b}$$

$$\int_V \big(\boldsymbol{J}_1 \otimes \boldsymbol{B}_2 + \boldsymbol{J}_2 \otimes \boldsymbol{B}_1 - \rho_1 \circledcirc \boldsymbol{E}_2 - \rho_2 \circledcirc \boldsymbol{E}_1 \big) \mathrm{d}V = 0 \tag{4.7.3c}$$

$$\int_V \boldsymbol{r} \times \big(\boldsymbol{J}_1 \otimes \boldsymbol{B}_2 + \boldsymbol{J}_2 \otimes \boldsymbol{B}_1 - \rho_1 \circledcirc \boldsymbol{E}_2 - \rho_2 \circledcirc \boldsymbol{E}_1 \big) \mathrm{d}V = 0 \tag{4.7.3d}$$

式(4.7.3b)与其他公式不同，包含一项与源无关的体积分，不易于应用。

证明：如图 4.7.1 所示，由于两组源$(\rho_1, \boldsymbol{J}_1)$和$(\rho_2, \boldsymbol{J}_2)$均在体积$V$内，因此$V$外空间$V_1$为无源空间，包围$V_1$的闭合面为$S$及半径$r \to \infty$的球面$S_\infty$。

由于两组源均在V内，即场源分布在有限空间内，此时无限远辐射场为沿$\boldsymbol{e}_r$方向的 TEM 波，$\boldsymbol{E}$、$\boldsymbol{H}$与$\boldsymbol{e}_r$正交，此时区域V_1为无源区域，由式(4.7.1)可知

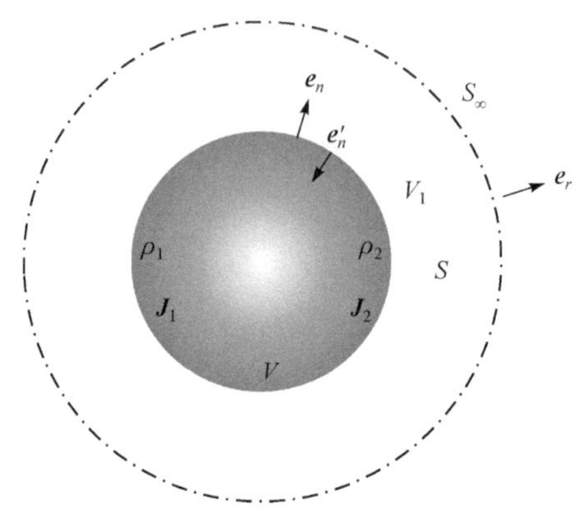

图 4.7.1　两组源均在体积 V 内

$$\oint_S \mathrm{d}S\boldsymbol{e}'_n \cdot \left[\left(\boldsymbol{H}_1 \cdot \boldsymbol{B}_2\boldsymbol{I} - \boldsymbol{H}_1\boldsymbol{B}_2 - \boldsymbol{B}_2\boldsymbol{H}_1\right) - \left(\boldsymbol{D}_1 \cdot \boldsymbol{E}_2\boldsymbol{I} - \boldsymbol{D}_1\boldsymbol{E}_2 - \boldsymbol{E}_2\boldsymbol{D}_1\right)\right]$$
$$+\oint_{S_\infty} \mathrm{d}S\boldsymbol{e}_r \cdot \left[\left(\boldsymbol{H}_1 \cdot \boldsymbol{B}_2\boldsymbol{I} - \boldsymbol{H}_1\boldsymbol{B}_2 - \boldsymbol{B}_2\boldsymbol{H}_1\right) - \left(\boldsymbol{D}_1 \cdot \boldsymbol{E}_2\boldsymbol{I} - \boldsymbol{D}_1\boldsymbol{E}_2 - \boldsymbol{E}_2\boldsymbol{D}_1\right)\right] = 0 \tag{4.7.4a}$$

$$\oint_S \mathrm{d}S\boldsymbol{e}'_n \cdot \left[\left(\boldsymbol{H}_1 \cdot \boldsymbol{B}_2\boldsymbol{I} - \boldsymbol{H}_1\boldsymbol{B}_2 - \boldsymbol{B}_2\boldsymbol{H}_1\right) + \left(\boldsymbol{D}_1 \cdot \boldsymbol{E}_2\boldsymbol{I} - \boldsymbol{D}_1\boldsymbol{E}_2 - \boldsymbol{E}_2\boldsymbol{D}_1\right)\right]$$
$$+\oint_{S_\infty} \mathrm{d}S\boldsymbol{e}_r \cdot \left[\left(\boldsymbol{H}_1 \cdot \boldsymbol{B}_2\boldsymbol{I} - \boldsymbol{H}_1\boldsymbol{B}_2 - \boldsymbol{B}_2\boldsymbol{H}_1\right) + \left(\boldsymbol{D}_1 \cdot \boldsymbol{E}_2\boldsymbol{I} - \boldsymbol{D}_1\boldsymbol{E}_2 - \boldsymbol{E}_2\boldsymbol{D}_1\right)\right] = 0 \tag{4.7.4b}$$

$$\begin{aligned}
&\oint_S \mathrm{d}S\boldsymbol{e}'_n \cdot \left[\left(\boldsymbol{H}_1 \odot \boldsymbol{B}_2\boldsymbol{I} - \boldsymbol{H}_1 \circledcirc \boldsymbol{B}_2 - \boldsymbol{B}_2 \circledcirc \boldsymbol{H}_1\right)\right.\\
&\left.-\left(\boldsymbol{D}_1 \odot \boldsymbol{E}_2\boldsymbol{I} - \boldsymbol{D}_1 \circledcirc \boldsymbol{E}_2 - \boldsymbol{E}_2 \circledcirc \boldsymbol{D}_1\right)\right]\\
&+\oint_{S_\infty} \mathrm{d}S\boldsymbol{e}_r \cdot \left[\left(\boldsymbol{H}_1 \odot \boldsymbol{B}_2\boldsymbol{I} - \boldsymbol{H}_1 \circledcirc \boldsymbol{B}_2 - \boldsymbol{B}_2 \circledcirc \boldsymbol{H}_1\right)\right.\\
&\left.-\left(\boldsymbol{D}_1 \odot \boldsymbol{E}_2\boldsymbol{I} - \boldsymbol{D}_1 \circledcirc \boldsymbol{E}_2 - \boldsymbol{E}_2 \circledcirc \boldsymbol{D}_1\right)\right] = 0
\end{aligned} \tag{4.7.4c}$$

$$\begin{aligned}
&\oint_S \mathrm{d}S\boldsymbol{e}'_n \cdot \left\{\left[\left(\boldsymbol{H}_1 \odot \boldsymbol{B}_2\boldsymbol{I} - \boldsymbol{H}_1 \circledcirc \boldsymbol{B}_2 - \boldsymbol{B}_2 \circledcirc \boldsymbol{H}_1\right)\right.\right.\\
&\left.\left.-\left(\boldsymbol{D}_1 \odot \boldsymbol{E}_2\boldsymbol{I} - \boldsymbol{D}_1 \circledcirc \boldsymbol{E}_2 - \boldsymbol{E}_2 \circledcirc \boldsymbol{D}_1\right)\right] \times \boldsymbol{r}\right\}\\
&+\oint_{S_\infty} \mathrm{d}S\boldsymbol{e}_r \cdot \left\{\left[\left(\boldsymbol{H}_1 \odot \boldsymbol{B}_2\boldsymbol{I} - \boldsymbol{H}_1 \circledcirc \boldsymbol{B}_2 - \boldsymbol{B}_2 \circledcirc \boldsymbol{H}_1\right)\right.\right.\\
&\left.\left.-\left(\boldsymbol{D}_1 \odot \boldsymbol{E}_2\boldsymbol{I} - \boldsymbol{D}_1 \circledcirc \boldsymbol{E}_2 - \boldsymbol{E}_2 \circledcirc \boldsymbol{D}_1\right)\right] \times \boldsymbol{r}\right\} = 0
\end{aligned} \tag{4.7.4d}$$

式中，$\boldsymbol{e}_n'$和$\boldsymbol{e}_r$分为闭合曲面S和S_∞的单位外法向矢量。

将式(4.7.4)中S_∞积分项分为两部分，对于第一部分，由于$\boldsymbol{E}$，$\boldsymbol{H}$与$\boldsymbol{e}_r$三者正交，有

$$\oint_{S_\infty} \mathrm{d}S\boldsymbol{e}_r \cdot \left[\left(-\boldsymbol{H}_1\boldsymbol{B}_2 - \boldsymbol{B}_2\boldsymbol{H}_1\right) + \left(\boldsymbol{D}_1\boldsymbol{E}_2 + \boldsymbol{E}_2\boldsymbol{D}_1\right)\right] = 0 \tag{4.7.5a}$$

$$\oint_{S_\infty} \mathrm{d}S\boldsymbol{e}_r \cdot \left[\left(-\boldsymbol{H}_1\boldsymbol{B}_2 - \boldsymbol{B}_2\boldsymbol{H}_1\right) - \left(\boldsymbol{D}_1\boldsymbol{E}_2 + \boldsymbol{E}_2\boldsymbol{D}_1\right)\right] = 0 \tag{4.7.5b}$$

$$\oint_{S_\infty} \mathrm{d}S\boldsymbol{e}_r \cdot \left[\left(-\boldsymbol{H}_1 \circledcirc \boldsymbol{B}_2 - \boldsymbol{B}_2 \circledcirc \boldsymbol{H}_1\right) + \left(\boldsymbol{D}_1 \circledcirc \boldsymbol{E}_2 + \boldsymbol{E}_2 \circledcirc \boldsymbol{D}_1\right)\right] = 0 \tag{4.7.5c}$$

$$\oint_{S_\infty} \mathrm{d}S\boldsymbol{e}_r \cdot \left\{\left[\left(-\boldsymbol{H}_1 \circledcirc \boldsymbol{B}_2 - \boldsymbol{B}_2 \circledcirc \boldsymbol{H}_1\right) + \left(\boldsymbol{D}_1 \circledcirc \boldsymbol{E}_2 + \boldsymbol{E}_2 \circledcirc \boldsymbol{D}_1\right)\right] \times \boldsymbol{r}\right\} = 0 \tag{4.7.5d}$$

对于第二部分，在静态和准静态情况下，场以$\dfrac{1}{r^2}$方式趋于零，即$\boldsymbol{B} \propto \dfrac{1}{r^2}$，$\boldsymbol{D} \propto \dfrac{1}{r^2}$，$\boldsymbol{E} \propto \dfrac{1}{r^2}$，$\boldsymbol{H} \propto \dfrac{1}{r^2}$，且$\mathrm{d}S \propto r^2$，因此，有

$$\oint_{S_\infty} \mathrm{d}S\boldsymbol{e}_r \cdot \left(\boldsymbol{H}_1 \cdot \boldsymbol{B}_2\boldsymbol{I} - \boldsymbol{D}_1 \cdot \boldsymbol{E}_2\boldsymbol{I}\right) = 0 \tag{4.7.6a}$$

$$\oint_{S_\infty} \mathrm{d}S\boldsymbol{e}_r \cdot \left(\boldsymbol{H}_1 \cdot \boldsymbol{B}_2\boldsymbol{I} + \boldsymbol{D}_1 \cdot \boldsymbol{E}_2\boldsymbol{I}\right) = 0 \tag{4.7.6b}$$

$$\oint_{S_\infty} \mathrm{d}S\boldsymbol{e}_r \cdot \left(\boldsymbol{H}_1 \odot \boldsymbol{B}_2\boldsymbol{I} - \boldsymbol{D}_1 \odot \boldsymbol{E}_2\boldsymbol{I}\right) = 0 \tag{4.7.6c}$$

$$\oint_{S_\infty} \mathrm{d}S\boldsymbol{e}_r \cdot \left[\left(\boldsymbol{H}_1 \odot \boldsymbol{B}_2\boldsymbol{I} - \boldsymbol{D}_1 \odot \boldsymbol{E}_2\boldsymbol{I}\right) \times \boldsymbol{r}\right] = 0 \tag{4.7.6d}$$

对于瞬变源(不包括准静态场)情况，场以$\dfrac{1}{r}$方式趋于零，式(4.7.6)不能用把积分扩展到无穷远曲面的简单方法消除。但我们知道场是以有限速度传播的，如果场最初是在过去某一确定时刻产生的，就可以设想这样一个内部含源的曲面，即这个曲面的面积元离开场源很远，以至场还来不及达到它，这时S_∞上的场强严格地等于零

(Stratton, 1941)。在这样的条件下式(4.7.6)中的面积分为零。

由式(4.7.5)和式(4.7.6)可知 S_∞ 面上积分为 0，则式(4.7.4)中 S_∞ 面上积分亦为 0，将 $\boldsymbol{e}_n'$ 替换为 $-\boldsymbol{e}_n$，因此，式(4.7.1)中的面积分为零，从而式(4.7.3)成立。

4.8 静态场动量互易方程

静态场是电磁场的特殊形式，包括静电场、稳恒电场、稳恒磁场及准静态场。

先考虑两个静电荷源 ρ_1,ρ_2 处于体积 V 内的情况。

利用静电场方程

$$\begin{cases}\nabla\times\boldsymbol{E}=0\\ \nabla\cdot\boldsymbol{D}=\rho\end{cases} \tag{4.8.1}$$

参考 4.1 节处理方式，可以导出静电场动量互易方程和角动量互易方程

$$\int_V\left(\rho_1\boldsymbol{E}_2+\rho_2\boldsymbol{E}_1\right)\mathrm{d}V=0 \tag{4.8.2}$$

$$\int_V\boldsymbol{r}\times\left(\rho_1\boldsymbol{E}_2+\rho_2\boldsymbol{E}_1\right)\mathrm{d}V=0 \tag{4.8.3}$$

再考虑两个直流源 $\boldsymbol{J}_1,\boldsymbol{J}_2$ 处于体积 V 内的情况。

利用稳恒磁场方程

$$\begin{cases}\nabla\times\boldsymbol{H}=\boldsymbol{J}\\ \nabla\cdot\boldsymbol{B}=0\end{cases} \tag{4.8.4}$$

可以导出稳恒磁场动量互易方程和角动量互易方程为

$$\int_V\left(\boldsymbol{J}_1\times\boldsymbol{B}_2+\boldsymbol{J}_2\times\boldsymbol{B}_1\right)\mathrm{d}V=0 \tag{4.8.5}$$

$$\int_V\boldsymbol{r}\times\left(\boldsymbol{J}_1\times\boldsymbol{B}_2+\boldsymbol{J}_2\times\boldsymbol{B}_1\right)\mathrm{d}V=0 \tag{4.8.6}$$

此外，还有一类静态场，同时满足电准静态(electroquasistatic)近似和磁准静态(magnetoquasistatic)近似，其时域方程为

$$\begin{cases}\nabla\times\boldsymbol{E}(\boldsymbol{r},t)=0\\ \nabla\cdot\boldsymbol{D}(\boldsymbol{r},t)=\rho(\boldsymbol{r},t)\\ \nabla\times\boldsymbol{H}(\boldsymbol{r},t)=\boldsymbol{J}(\boldsymbol{r},t)\\ \nabla\cdot\boldsymbol{B}(\boldsymbol{r},t)=0\end{cases}\tag{4.8.7}$$

频域方程为

$$\begin{cases}\nabla\times\boldsymbol{E}(\boldsymbol{r},\omega)=0\\ \nabla\cdot\boldsymbol{D}(\boldsymbol{r},\omega)=\rho(\boldsymbol{r},\omega)\\ \nabla\times\boldsymbol{H}(\boldsymbol{r},\omega)=\boldsymbol{J}(\boldsymbol{r},\omega)\\ \nabla\cdot\boldsymbol{B}(\boldsymbol{r},\omega)=0\end{cases}\tag{4.8.8}$$

比较式(4.8.5)和时谐场麦克斯韦方程组

$$\begin{cases}\nabla\times\boldsymbol{E}(\boldsymbol{r},\omega)=-\mathrm{j}\omega\boldsymbol{B}(\boldsymbol{r},\omega)\\ \nabla\cdot\boldsymbol{D}(\boldsymbol{r},\omega)=\rho(\boldsymbol{r},\omega)\\ \nabla\times\boldsymbol{H}(\boldsymbol{r},\omega)=\boldsymbol{J}(\boldsymbol{r},\omega)+\mathrm{j}\omega\boldsymbol{D}(\boldsymbol{r},\omega)\\ \nabla\cdot\boldsymbol{B}(\boldsymbol{r},\omega)=0\end{cases}\tag{4.8.9}$$

只要令式(4.8.9)中的角频率 $\omega=0$，则三组方程形式是一致的。这说明此类准静态电磁场的动量互易方程可以直接从频域动量互易方程中导出，只要令式(4.7.3a)和式(4.7.3b)中的角频率 $\omega=0$ 即可。因此，这类电磁场有两种动量互易方程

$$\int_V\left(\boldsymbol{J}_1\times\boldsymbol{B}_2+\boldsymbol{J}_2\times\boldsymbol{B}_1-\rho_1\boldsymbol{E}_2-\rho_2\boldsymbol{E}_1\right)\mathrm{d}V=0\tag{4.8.10a}$$

$$\int_V\left(\boldsymbol{J}_1\times\boldsymbol{B}_2+\boldsymbol{J}_2\times\boldsymbol{B}_1+\rho_1\boldsymbol{E}_2+\rho_2\boldsymbol{E}_1\right)\mathrm{d}V=0\tag{4.8.10b}$$

进一步，这类电磁场有两种角动量互易方程

$$\int_V \boldsymbol{r}\times\left(\boldsymbol{J}_1\times\boldsymbol{B}_2+\boldsymbol{J}_2\times\boldsymbol{B}_1-\rho_1\boldsymbol{E}_2-\rho_2\boldsymbol{E}_1\right)\mathrm{d}V=0 \tag{4.8.10c}$$

$$\int_V \boldsymbol{r}\times\left(\boldsymbol{J}_1\times\boldsymbol{B}_2+\boldsymbol{J}_2\times\boldsymbol{B}_1+\rho_1\boldsymbol{E}_2+\rho_2\boldsymbol{E}_1\right)\mathrm{d}V=0 \tag{4.8.10d}$$

式(4.8.10a)与式(4.8.10b)相加或相减，有

$$\int_V \left(\boldsymbol{J}_1\times\boldsymbol{B}_2+\boldsymbol{J}_2\times\boldsymbol{B}_1\right)\mathrm{d}V=0 \tag{4.8.11a}$$

$$\int_V \left(\rho_1\boldsymbol{E}_2+\rho_2\boldsymbol{E}_1\right)\mathrm{d}V=0 \tag{4.8.11b}$$

式(4.8.10c)与式(4.8.10d)相加或相减，有

$$\int_V \boldsymbol{r}\times\left(\boldsymbol{J}_1\times\boldsymbol{B}_2+\boldsymbol{J}_2\times\boldsymbol{B}_1\right)\mathrm{d}V=0 \tag{4.8.11c}$$

$$\int_V \boldsymbol{r}\times\left(\rho_1\boldsymbol{E}_2+\rho_2\boldsymbol{E}_1\right)\mathrm{d}V=0 \tag{4.8.11d}$$

式(4.8.11)的四个方程说明，作用在电荷上的互电场力与作用在电流上的互磁场力(或力矩)可以是解耦的，这和静电场方程与稳恒磁场方程可以解耦是一致的。

综上所述，式(4.8.11a)既可以看作稳恒磁场的动量互易方程，也可以看作准静态电磁场的动量互易方程(用电流源表示)，式(4.8.11b)既可以看作静电场的动量互易方程，也可以看作准静态电磁场的动量互易方程(用电荷源表示)。准静态电磁场的角动量互易方程与之类似，式(4.8.11c)既可以看作稳恒磁场的角动量互易方程，也可以看作准静态电磁场的角动量互易方程(用电流源表示)，式(4.8.11d)既可以看作静电场的角动量互易方程，也可以看作准静态电磁场的角动量互易方程(用电荷源表示)。

还需要指出的是，式(4.8.11)看作准静态电磁场的互易方程时，频域方程和时域方程的形式是一样的，而且式中每一项看成卷积运算公式也是成立的，即有

$$\int_V \left(\boldsymbol{J}_1\otimes\boldsymbol{B}_2+\boldsymbol{J}_2\otimes\boldsymbol{B}_1\right)\mathrm{d}V=0 \tag{4.8.12a}$$

$$\int_V (\rho_1 \circledcirc \boldsymbol{E}_2 + \rho_2 \circledcirc \boldsymbol{E}_1) \mathrm{d}V = 0 \tag{4.8.12b}$$

$$\int_V \boldsymbol{r} \times (\boldsymbol{J}_1 \otimes \boldsymbol{B}_2 + \boldsymbol{J}_2 \otimes \boldsymbol{B}_1) \mathrm{d}V = 0 \tag{4.8.12c}$$

$$\int_V \boldsymbol{r} \times (\rho_1 \circledcirc \boldsymbol{E}_2 + \rho_2 \circledcirc \boldsymbol{E}_1) \mathrm{d}V = 0 \tag{4.8.12d}$$

在实际应用时，需要根据具体问题选择式(4.8.11)或式(4.8.12)，主要原则是使最后导出的公式尽可能简洁。

第 5 章　合成场方法

第 3 章和第 4 章利用两个电磁系统满足的麦克斯韦方程组，给出了频域互能方程、时域互能方程、频域互动量方程、时域互动量方程、频域互角动量方程和时域互角动量方程的推导方法。本章基于两个电磁系统满足的坡印亭定理、动量定理，给出互易方程的合成场方法。

5.1　频域互能方程

在 3.2 节中，利用两个电磁系统满足的麦克斯韦方程组的频域形式，推导了两个场源之间的具有实际物理意义的互复功率关系方程，即互能方程。本节基于两个电磁系统满足的频域坡印亭定理，以合成场方法推导频域互能方程。

设有两个电磁系统，电磁场相量$(\boldsymbol{E}_1,\boldsymbol{H}_1)$和$(\boldsymbol{E}_2,\boldsymbol{H}_2)$分别是由电流源$\boldsymbol{J}_1$和$\boldsymbol{J}_2$产生的。

将$\boldsymbol{E}$和$\boldsymbol{H}^*$按附录 D 中式(D1)作叉积，$\boldsymbol{E}$和$\boldsymbol{J}^*$按式(D1)作点积，分别代入式(2.3.6)和式(2.3.7)，有

$$\langle \boldsymbol{S} \rangle = \sum_{i=1}^{2}\sum_{j=1}^{2}\langle \boldsymbol{S}_{ij} \rangle \tag{5.1.1}$$

$$\langle P_{\mathrm{e}} \rangle = \sum_{i=1}^{2}\sum_{j=1}^{2}\langle P_{\mathrm{e}ij} \rangle \tag{5.1.2}$$

其中

$$\langle \boldsymbol{S}_{ij} \rangle = \frac{1}{2}\mathrm{Re}\left(\boldsymbol{E}_i \times \boldsymbol{H}_j^*\right) \tag{5.1.3}$$

$$\langle P_{eij}\rangle=\frac{1}{2}\mathrm{Re}\left(\boldsymbol{E}_i\cdot\boldsymbol{J}_j^*\right) \tag{5.1.4}$$

对于式(5.1.1)～式(5.1.4)中的$\langle\boldsymbol{S}_{ij}\rangle$和$\langle P_{eij}\rangle$，若 $i=j=1$ 或 $i=j=2$，则代表电磁系统 1 或 2 的坡印亭矢量、电源功率的时间平均值，若 $i\neq j$，则代表电磁系统 i 对 j 作用的物理量。

将式(5.1.3)和式(5.1.4)代入式(2.3.8)，有

$$\nabla\cdot\sum_{i=1}^{2}\sum_{j=1}^{2}\langle\boldsymbol{S}_{ij}\rangle=-\sum_{i=1}^{2}\sum_{j=1}^{2}\langle P_{eij}\rangle \tag{5.1.5}$$

从式(5.1.5)中分离出三个方程

$$\nabla\cdot\langle\boldsymbol{S}_{11}\rangle=-\langle P_{e11}\rangle \tag{5.1.6a}$$

$$\nabla\cdot\langle\boldsymbol{S}_{22}\rangle=-\langle P_{e22}\rangle \tag{5.1.6b}$$

$$\nabla\cdot\langle\boldsymbol{S}_{12}+\boldsymbol{S}_{21}\rangle=-\langle P_{e12}+P_{e21}\rangle \tag{5.1.6c}$$

其中，式(5.1.6a)和式(5.1.6b)分别表示电磁系统 1 和 2 的能量方程，式(5.1.6c)表示频域互能方程。

由式(5.1.3)可得

$$\langle\boldsymbol{S}_{12}+\boldsymbol{S}_{21}\rangle=\frac{1}{2}\mathrm{Re}(\boldsymbol{E}_1\times\boldsymbol{H}_2^*+\boldsymbol{E}_2\times\boldsymbol{H}_1^*) \tag{5.1.7}$$

任一复数与其共轭复数的实部相等，因此，式(5.1.7)可写为

$$\langle\boldsymbol{S}_{12}+\boldsymbol{S}_{21}\rangle=\frac{1}{2}\mathrm{Re}(\boldsymbol{E}_1\times\boldsymbol{H}_2^*+\boldsymbol{E}_2^*\times\boldsymbol{H}_1) \tag{5.1.8}$$

同理，有

$$\langle P_{e12}+P_{e21}\rangle=\frac{1}{2}\mathrm{Re}(\boldsymbol{E}_1\cdot\boldsymbol{J}_2^*+\boldsymbol{E}_2^*\cdot\boldsymbol{J}_1) \tag{5.1.9}$$

将式(5.1.8)和式(5.1.9)代入式(5.1.6c)，有

$$-\nabla\cdot\left[\frac{1}{2}\mathrm{Re}\left(\boldsymbol{E}_1\times\boldsymbol{H}_2^*+\boldsymbol{E}_2^*\times\boldsymbol{H}_1\right)\right]=\frac{1}{2}\mathrm{Re}(\boldsymbol{E}_1\cdot\boldsymbol{J}_2^*+\boldsymbol{E}_2^*\cdot\boldsymbol{J}_1) \tag{5.1.10}$$

对式(5.1.10)作积分，并利用高斯定理可得

$$-\oint_S \frac{1}{2}\mathrm{Re}(\boldsymbol{E}_1 \times \boldsymbol{H}_2^* + \boldsymbol{E}_2^* \times \boldsymbol{H}_1) \cdot \mathrm{d}\boldsymbol{S} = \int_V \frac{1}{2}\mathrm{Re}(\boldsymbol{E}_1 \cdot \boldsymbol{J}_2^* + \boldsymbol{E}_2^* \cdot \boldsymbol{J}_1)\mathrm{d}V \quad (5.1.11)$$

式(5.1.11)与式(3.2.13b)是一致的。两式中$(\boldsymbol{E}_1 \cdot \boldsymbol{J}_2^* + \boldsymbol{E}_2^* \cdot \boldsymbol{J}_1)$与坡印亭定理中互能项相关，可以表示两个场源之间的互复功率。

5.2 时域互能方程

在 3.4 节中，利用两个电磁系统满足的麦克斯韦方程组的时域形式，推导了两个场源之间的时域互能方程，即式(3.4.7)和式(3.4.8)。本节基于两个电磁系统满足的时域坡印亭定理，以合成场方法推导时域互能方程。

设有两个电磁系统，电磁场相量$(\boldsymbol{E}_1, \boldsymbol{H}_1)$和$(\boldsymbol{E}_2, \boldsymbol{H}_2)$分别是由电流源$\boldsymbol{J}_1$和$\boldsymbol{J}_2$产生的。

将$\boldsymbol{E}$和$\boldsymbol{H}$按附录 D 中式(D3)作叉积，代入式(2.2.5)，有

$$\boldsymbol{S} = \sum_{i=1}^{2}\sum_{j=1}^{2}\boldsymbol{S}_{ij} \quad (5.2.1)$$

式中

$$\boldsymbol{S}_{ij} = \boldsymbol{E}_i \times \boldsymbol{H}_j \quad (5.2.2)$$

将$\boldsymbol{J}$和$\boldsymbol{E}$利用式(D3)作点积，代入式(2.2.6)，有

$$P_\mathrm{e} = \sum_{i=1}^{2}\sum_{j=1}^{2}P_{\mathrm{e}ij} \quad (5.2.3)$$

式中

$$P_{\mathrm{e}ij} = \boldsymbol{J}_i \cdot \boldsymbol{E}_j \quad (5.2.4)$$

将$\boldsymbol{D}$和$\boldsymbol{E}$，$\boldsymbol{B}$和$\boldsymbol{H}$分别利用式(D3)作点积，代入式(2.2.7)，有

$$w = \sum_{i=1}^{2}\sum_{j=1}^{2} w_{ij} \tag{5.2.5}$$

式中

$$w_{ij} = \frac{1}{2}\left(\boldsymbol{D}_i \cdot \boldsymbol{E}_j + \boldsymbol{B}_i \cdot \boldsymbol{H}_j\right) \tag{5.2.6}$$

对于式(5.2.1)、式(5.2.3)和式(5.2.5)中的 $\boldsymbol{S}_{ij}$，P_{eij}，w_{ij}，若 $i=j=1$ 或 $i=j=2$，则代表电磁系统 1 或 2 的能流密度、功率和电磁能密度，若 $i \neq j$，则代表电磁系统 i 对 j 作用的物理量。

将式(5.2.1)～式(5.2.6)代入式(2.2.8)，有

$$\sum_{i=1}^{2}\sum_{j=1}^{2}\left(P_{eij} + \frac{\partial w_{ij}}{\partial t}\right) = -\nabla \cdot \sum_{i=1}^{2}\sum_{j=1}^{2} \boldsymbol{S}_{ij} \tag{5.2.7}$$

从式(5.2.7)中分离出三个方程

$$P_{e11} + \frac{\partial w_{11}}{\partial t} = -\nabla \cdot \boldsymbol{S}_{11} \tag{5.2.8a}$$

$$P_{e22} + \frac{\partial w_{22}}{\partial t} = -\nabla \cdot \boldsymbol{S}_{22} \tag{5.2.8b}$$

$$P_{e12} + P_{e21} + \frac{\partial}{\partial t}\left(w_{12} + w_{21}\right) = -\nabla \cdot (\boldsymbol{S}_{12} + \boldsymbol{S}_{21}) \tag{5.2.8c}$$

其中，式(5.2.8c)表达的是电磁系统 1 和电磁系统 2 的相互作用，即电磁场时域互能定理，具体为

$$\boldsymbol{J}_1 \cdot \boldsymbol{E}_2 + \boldsymbol{J}_2 \cdot \boldsymbol{E}_1 + \frac{\partial}{\partial t}(\boldsymbol{D}_1 \cdot \boldsymbol{E}_2 + \boldsymbol{B}_1 \cdot \boldsymbol{H}_2) = -\nabla \cdot (\boldsymbol{E}_2 \times \boldsymbol{H}_1 + \boldsymbol{E}_1 \times \boldsymbol{H}_2) \tag{5.2.9}$$

对式(5.2.9)作体积分，并利用高斯定理，有

$$\begin{aligned} &\int_V (\boldsymbol{J}_1 \cdot \boldsymbol{E}_2 + \boldsymbol{J}_2 \cdot \boldsymbol{E}_1)\mathrm{d}V + \int_V \frac{\partial}{\partial t}(\boldsymbol{D}_1 \cdot \boldsymbol{E}_2 + \boldsymbol{B}_1 \cdot \boldsymbol{H}_2)\mathrm{d}V \\ &= -\oint_S (\boldsymbol{E}_2 \times \boldsymbol{H}_1 + \boldsymbol{E}_1 \times \boldsymbol{H}_2) \cdot \mathrm{d}\boldsymbol{S} \end{aligned} \tag{5.2.10}$$

式(5.2.10)与式(3.4.8)形式相同，均为电磁场时域互能方程。

5.3　频域互动量方程

在 4.2 节中，利用两个电磁系统满足的麦克斯韦方程组的频域形式，推导了两组场源之间的频域互动量方程。本节利用频域动量定理，给出合成场方法，推导频域互动量方程。

设有两个电磁系统，电磁场相量$(\boldsymbol{E}_1,\boldsymbol{H}_1)$和$(\boldsymbol{E}_2,\boldsymbol{H}_2)$分别是由源$(\rho_1,\boldsymbol{J}_1)$和$(\rho_2,\boldsymbol{J}_2)$产生的。

将$\boldsymbol{J}$和$\boldsymbol{B}^*$按式(D1)作叉积，将ρ和$\boldsymbol{E}^*$按式(D2)作乘积，代入式(2.5.14)，有

$$\langle\boldsymbol{F}\rangle=\sum_{i=1}^{2}\sum_{j=1}^{2}\langle\boldsymbol{F}_{ij}\rangle \tag{5.3.1}$$

其中

$$\langle\boldsymbol{F}_{ij}\rangle=\frac{1}{2}\mathrm{Re}(\boldsymbol{J}_i\times\boldsymbol{B}_j^*+\rho_i\boldsymbol{E}_j^*) \tag{5.3.2}$$

将$\boldsymbol{E}$和$\boldsymbol{E}^*$，$\boldsymbol{H}$和$\boldsymbol{H}^*$分别按式(D1)作点积，将$\boldsymbol{E}$和$\boldsymbol{E}^*$，$\boldsymbol{H}$和$\boldsymbol{H}^*$分别作并矢运算，代入式(2.5.15)，则有

$$\langle\boldsymbol{\Phi}\rangle=\sum_{i=1}^{2}\sum_{j=1}^{2}\langle\boldsymbol{\Phi}_{ij}\rangle \tag{5.3.3}$$

式中

$$\langle\boldsymbol{\Phi}_{ij}\rangle=\frac{1}{2}\mathrm{Re}\left[\frac{1}{2}(\varepsilon\boldsymbol{E}_i\cdot\boldsymbol{E}_j^*+\mu\boldsymbol{H}_i\cdot\boldsymbol{H}_j^*)\boldsymbol{I}-\varepsilon\boldsymbol{E}_i\boldsymbol{E}_j^*-\mu\boldsymbol{H}_i\boldsymbol{H}_j^*\right] \tag{5.3.4}$$

对于式(5.3.1)～式(5.3.4)中的$\langle\boldsymbol{F}_{ij}\rangle$和$\langle\boldsymbol{\Phi}_{ij}\rangle$，若 $i=j=1$ 或 $i=j=2$，则代表电磁系统 1 或 2 的洛伦兹力、动量流在一个周期内的平均值，若 $i\neq j$，则代表电磁系统 i 对 j 作用的物理量。

将式(5.3.2)和式(5.3.4)代入式(2.5.16)，有

$$\sum_{i=1}^{2}\sum_{j=1}^{2}\langle \boldsymbol{F}_{ij}\rangle = -\nabla\cdot\sum_{i=1}^{2}\sum_{j=1}^{2}\langle \boldsymbol{\Phi}_{ij}\rangle \tag{5.3.5}$$

从式(5.3.5)中分离出三个方程

$$\langle \boldsymbol{F}_{11}\rangle = -\nabla\cdot\langle \boldsymbol{\Phi}_{11}\rangle \tag{5.3.6a}$$

$$\langle \boldsymbol{F}_{22}\rangle = -\nabla\cdot\langle \boldsymbol{\Phi}_{22}\rangle \tag{5.3.6b}$$

$$\langle \boldsymbol{F}_{12}+\boldsymbol{F}_{21}\rangle = -\nabla\cdot\langle \boldsymbol{\Phi}_{12}+\boldsymbol{\Phi}_{21}\rangle \tag{5.3.6c}$$

其中，式(5.3.6a)和式(5.3.6b)分别表示电磁系统 1 和 2 的频域动量方程；式(5.3.6c)表示频域互动量方程。

记$\langle \boldsymbol{f}_{12}\rangle=\langle \boldsymbol{F}_{12}+\boldsymbol{F}_{21}\rangle$，$\langle \boldsymbol{\phi}_{12}\rangle=\langle \boldsymbol{\Phi}_{12}+\boldsymbol{\Phi}_{21}\rangle$，则式(5.3.6c)可以简记为

$$\langle \boldsymbol{f}_{12}\rangle = -\nabla\cdot\langle \boldsymbol{\phi}_{12}\rangle \tag{5.3.6d}$$

则由式(5.3.2)可得

$$\langle \boldsymbol{f}_{12}\rangle = \frac{1}{2}\mathrm{Re}(\boldsymbol{J}_1\times\boldsymbol{B}_2^* + \boldsymbol{J}_2\times\boldsymbol{B}_1^* + \rho_1\boldsymbol{E}_2^* + \rho_2\boldsymbol{E}_1^*) \tag{5.3.7}$$

任一复数与其共轭的实部相等，因此式(5.3.7)可写为

$$\langle \boldsymbol{f}_{12}\rangle = \frac{1}{2}\mathrm{Re}(\boldsymbol{J}_1\times\boldsymbol{B}_2^* + \boldsymbol{J}_2^*\times\boldsymbol{B}_1 + \rho_1\boldsymbol{E}_2^* + \rho_2^*\boldsymbol{E}_1) \tag{5.3.8}$$

同理，由式(5.3.4)可得

$$\begin{aligned}&\langle \boldsymbol{\phi}_{12}\rangle\\ &=\frac{1}{2}\mathrm{Re}\Big[\Big(\boldsymbol{H}_1\cdot\boldsymbol{B}_2^*\boldsymbol{I}-\boldsymbol{H}_1\boldsymbol{B}_2^*-\boldsymbol{B}_2^*\boldsymbol{H}_1\Big)+\Big(\boldsymbol{D}_1\cdot\boldsymbol{E}_2^*\boldsymbol{I}-\boldsymbol{D}_1\boldsymbol{E}_2^*-\boldsymbol{E}_2^*\boldsymbol{D}_1\Big)\Big]\end{aligned} \tag{5.3.9}$$

将式(5.3.8)和式(5.3.9)代入式(5.3.6d)可得

$$\frac{1}{2}\mathrm{Re}\left(\boldsymbol{J}_1\times\boldsymbol{B}_2^*+\boldsymbol{J}_2^*\times\boldsymbol{B}_1+\rho_1\boldsymbol{E}_2^*+\rho_2^*\boldsymbol{E}_1\right)$$
$$=-\nabla\cdot\left\{\frac{1}{2}\mathrm{Re}\left[\left(\boldsymbol{H}_1\cdot\boldsymbol{B}_2^*\boldsymbol{I}-\boldsymbol{H}_1\boldsymbol{B}_2^*-\boldsymbol{B}_2^*\boldsymbol{H}_1\right)+\left(\boldsymbol{D}_1\cdot\boldsymbol{E}_2^*\boldsymbol{I}-\boldsymbol{D}_1\boldsymbol{E}_2^*-\boldsymbol{E}_2^*\boldsymbol{D}_1\right)\right]\right\} \tag{5.3.10}$$

对式(5.3.10)作体积分，并利用高斯定理，有

$$-\oint_S \mathrm{d}\boldsymbol{S}\cdot\frac{1}{2}\mathrm{Re}\left[\left(\boldsymbol{H}_1\cdot\boldsymbol{B}_2^*\boldsymbol{I}-\boldsymbol{H}_1\boldsymbol{B}_2^*-\boldsymbol{B}_2^*\boldsymbol{H}_1\right)+\left(\boldsymbol{D}_1\cdot\boldsymbol{E}_2^*\boldsymbol{I}-\boldsymbol{D}_1\boldsymbol{E}_2^*-\boldsymbol{E}_2^*\boldsymbol{D}_1\right)\right]$$
$$=\int_V\frac{1}{2}\mathrm{Re}(\boldsymbol{J}_1\times\boldsymbol{B}_2^*+\boldsymbol{J}_2^*\times\boldsymbol{B}_1+\rho_1\boldsymbol{E}_2^*+\rho_2^*\boldsymbol{E}_1)\mathrm{d}V \tag{5.3.11}$$

可知，式(5.3.11)与式(4.2.21)形式一致，均为电磁场频域互动量方程。

5.4 时域互动量方程

在 4.4 节中，利用两个电磁系统满足的麦克斯韦方程组的时域形式，推导了两组场源之间的时域互动量方程。本节利用时域动量定理，给出合成场方法，推导时域互动量方程。

设有两个电磁系统，电磁场$\left(\boldsymbol{E}_1,\boldsymbol{H}_1\right)$和$\left(\boldsymbol{E}_2,\boldsymbol{H}_2\right)$分别是由源$\left(\rho_1,\boldsymbol{J}_1\right)$和$\left(\rho_2,\boldsymbol{J}_2\right)$产生的。

将$\boldsymbol{J}$和$\boldsymbol{B}$按附录 D 中式(D3)作叉积，ρ和$\boldsymbol{E}$按式(D4)作乘积，代入式(2.4.9)，有

$$\boldsymbol{F}=\sum_{i=1}^{2}\sum_{j=1}^{2}\boldsymbol{F}_{ij} \tag{5.4.1}$$

式中

$$\boldsymbol{F}_{ij}=\boldsymbol{J}_i\times\boldsymbol{B}_j+\rho_i\boldsymbol{E}_j \tag{5.4.2}$$

将$\boldsymbol{D}$和$\boldsymbol{B}$按式(D3)作叉积，代入式(2.4.10)

$$\boldsymbol{G}_f = \sum_{i=1}^{2}\sum_{j=1}^{2}\boldsymbol{G}_{\mathrm{f}ij} \tag{5.4.3}$$

式中

$$\boldsymbol{G}_{\mathrm{f}ij} = \boldsymbol{D}_i \times \boldsymbol{B}_j \tag{5.4.4}$$

将 $\boldsymbol{D}$ 和 $\boldsymbol{E}$，$\boldsymbol{B}$ 和 $\boldsymbol{H}$ 分别按式(D3)作点积运算，将 $\boldsymbol{D}$ 和 $\boldsymbol{E}$，$\boldsymbol{B}$ 和 $\boldsymbol{H}$ 分别作并矢运算，则有

$$\boldsymbol{\Phi} = \sum_{i=1}^{2}\sum_{j=1}^{2}\boldsymbol{\Phi}_{ij} \tag{5.4.5}$$

式中

$$\boldsymbol{\Phi}_{ij} = \frac{1}{2}(\boldsymbol{D}_i \cdot \boldsymbol{E}_j + \boldsymbol{B}_i \cdot \boldsymbol{H}_j)\boldsymbol{I} - \boldsymbol{D}_i\boldsymbol{E}_j - \boldsymbol{B}_i\boldsymbol{H}_j \tag{5.4.6}$$

将式(5.4.1)～式(5.4.6)代入式(2.4.8)，有

$$\sum_{i=1}^{2}\sum_{j=1}^{2}\frac{\partial \boldsymbol{G}_{\mathrm{f}ij}}{\partial t} + \boldsymbol{F}_{ij} = -\nabla \cdot \sum_{i=1}^{2}\sum_{j=1}^{2}\boldsymbol{\Phi}_{ij} \tag{5.4.7}$$

从式(5.4.7)中分离出三个方程：

$$\frac{\partial \boldsymbol{G}_{\mathrm{f}11}}{\partial t} + \boldsymbol{F}_{11} = -\nabla \cdot \boldsymbol{\Phi}_{11} \tag{5.4.8}$$

$$\frac{\partial \boldsymbol{G}_{\mathrm{f}22}}{\partial t} + \boldsymbol{F}_{22} = -\nabla \cdot \boldsymbol{\Phi}_{22} \tag{5.4.9}$$

$$\frac{\partial}{\partial t}\left(\boldsymbol{G}_{\mathrm{f}12} + \boldsymbol{G}_{\mathrm{f}21}\right) + \boldsymbol{F}_{12} + \boldsymbol{F}_{21} = -\nabla \cdot (\boldsymbol{\Phi}_{12} + \boldsymbol{\Phi}_{21}) \tag{5.4.10}$$

若记

$$\boldsymbol{g}_{\mathrm{f}12} = \boldsymbol{G}_{\mathrm{f}12} + \boldsymbol{G}_{\mathrm{f}21} = \boldsymbol{D}_1 \times \boldsymbol{B}_2 + \boldsymbol{D}_2 \times \boldsymbol{B}_1$$

$$\boldsymbol{f}_{12} = \boldsymbol{F}_{12} + \boldsymbol{F}_{21} = \boldsymbol{J}_1 \times \boldsymbol{B}_2 + \rho_1\boldsymbol{E}_2 + \boldsymbol{J}_2 \times \boldsymbol{B}_1 + \rho_2\boldsymbol{E}_1$$

$$\boldsymbol{\phi}_{12} = \boldsymbol{\Phi}_{12} + \boldsymbol{\Phi}_{21} = (\boldsymbol{D}_1 \cdot \boldsymbol{E}_2 + \boldsymbol{B}_1 \cdot \boldsymbol{H}_2)\boldsymbol{I} - \boldsymbol{D}_1\boldsymbol{E}_2 - \boldsymbol{D}_2\boldsymbol{E}_1 - \boldsymbol{B}_1\boldsymbol{H}_2 - \boldsymbol{B}_2\boldsymbol{H}_1$$

$$\boldsymbol{f}_{\mathrm{e}12} = \rho_1 \boldsymbol{E}_2 + \rho_2 \boldsymbol{E}_1$$

$$\boldsymbol{f}_{\mathrm{m}12} = \boldsymbol{J}_1 \times \boldsymbol{B}_2 + \boldsymbol{J}_2 \times \boldsymbol{B}_1$$

$$\boldsymbol{\phi}_{\mathrm{e}12} = (\boldsymbol{D}_1 \cdot \boldsymbol{E}_2)\boldsymbol{I} - \boldsymbol{D}_1\boldsymbol{E}_2 - \boldsymbol{D}_2\boldsymbol{E}_1$$

$$\boldsymbol{\phi}_{\mathrm{m}12} = (\boldsymbol{B}_1 \cdot \boldsymbol{H}_2)\boldsymbol{I} - \boldsymbol{B}_1\boldsymbol{H}_2 - \boldsymbol{B}_2\boldsymbol{H}_1$$

则式(5.4.10)写作

$$\frac{\partial \boldsymbol{g}_{\mathrm{f}12}}{\partial t} + \boldsymbol{f}_{12} = -\nabla \cdot \boldsymbol{\phi}_{12} \tag{5.4.11}$$

或

$$\frac{\partial \boldsymbol{g}_{\mathrm{f}12}}{\partial t} + \boldsymbol{f}_{\mathrm{e}12} + \boldsymbol{f}_{\mathrm{m}12} = -\nabla \cdot (\boldsymbol{\phi}_{\mathrm{e}12} + \boldsymbol{\phi}_{\mathrm{m}12}) \tag{5.4.12}$$

式(5.4.12)即为电磁场时域互动量定理，即

$$\begin{aligned}&\frac{\partial}{\partial t}\left(\boldsymbol{D}_1 \times \boldsymbol{B}_2 + \boldsymbol{D}_2 \times \boldsymbol{B}_1\right) + \boldsymbol{J}_1 \times \boldsymbol{B}_2 + \rho_1 \boldsymbol{E}_2 + \boldsymbol{J}_2 \times \boldsymbol{B}_1 + \rho_2 \boldsymbol{E}_1 \\ &= -\nabla \cdot \left[(\boldsymbol{D}_1 \cdot \boldsymbol{E}_2 + \boldsymbol{B}_1 \cdot \boldsymbol{H}_2)\boldsymbol{I} - \boldsymbol{D}_1\boldsymbol{E}_2 - \boldsymbol{D}_2\boldsymbol{E}_1 - \boldsymbol{B}_1\boldsymbol{H}_2 - \boldsymbol{B}_2\boldsymbol{H}_1\right]\end{aligned} \tag{5.4.13}$$

对式(5.4.13)作体积分，利用高斯定理，有

$$\begin{aligned}&\int_V \frac{\partial}{\partial t}\left(\boldsymbol{D}_1 \times \boldsymbol{B}_2 + \boldsymbol{D}_2 \times \boldsymbol{B}_1\right)\mathrm{d}V + \int_V (\boldsymbol{J}_1 \times \boldsymbol{B}_2 + \rho_1 \boldsymbol{E}_2 + \boldsymbol{J}_2 \times \boldsymbol{B}_1 + \rho_2 \boldsymbol{E}_1)\mathrm{d}V \\ &= -\oint_S \mathrm{d}\boldsymbol{S} \cdot \left[(\boldsymbol{D}_1 \cdot \boldsymbol{E}_2 + \boldsymbol{B}_1 \cdot \boldsymbol{H}_2)\boldsymbol{I} - \boldsymbol{D}_1\boldsymbol{E}_2 - \boldsymbol{D}_2\boldsymbol{E}_1 - \boldsymbol{B}_1\boldsymbol{H}_2 - \boldsymbol{B}_2\boldsymbol{H}_1\right]\end{aligned} \tag{5.4.14}$$

可知，式(5.4.14)与式(4.4.14)形式一致，均为电磁场时域互动量方程。

第 6 章　变换方程方法

各种形式的电磁互易方程之间不是孤立的，它们可以通过作适当变换相互导出，如图 6.1.1 所示。本章讨论这些变换关系式。

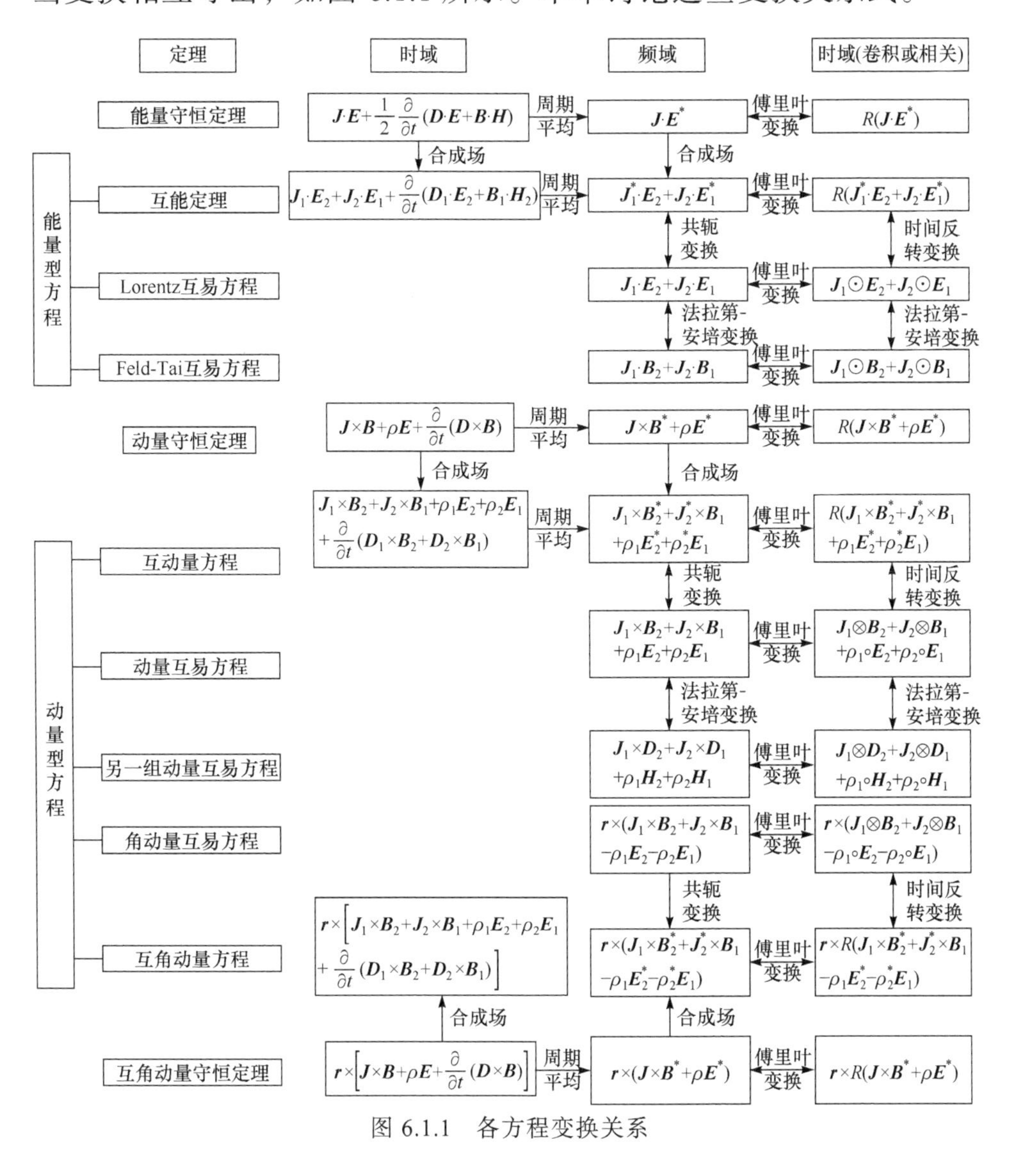

图 6.1.1　各方程变换关系

6.1 对偶变换

为叙述简便，前面章节主要分析了电性源 $\boldsymbol{J},\rho$ 激励下的互易方程。若电性源 $\boldsymbol{J},\rho$ 和磁性源 $\boldsymbol{K},\rho_{\mathrm{m}}$ 同时存在，只需利用对偶原理，从电性源互易方程出发，直接导出磁性源互易方程。将两个公式合在一起，即可构成一般形式的互易方程。

电性源频域洛伦兹互易方程和 Feld-Tai 互易方程为

$$\oint_S \left(\boldsymbol{E}_1\times\boldsymbol{H}_2-\boldsymbol{E}_2\times\boldsymbol{H}_1\right)\cdot \mathrm{d}\boldsymbol{S}=\int_V (\boldsymbol{J}_1\cdot\boldsymbol{E}_2-\boldsymbol{J}_2\cdot\boldsymbol{E}_1)\mathrm{d}V \tag{6.1.1a}$$

$$\oint_S (\boldsymbol{H}_1\times\boldsymbol{B}_2-\boldsymbol{E}_1\times\boldsymbol{D}_2)\cdot \mathrm{d}\boldsymbol{S}=\int_V \left(\boldsymbol{J}_1\cdot\boldsymbol{B}_2-\boldsymbol{J}_2\cdot\boldsymbol{B}_1\right)\mathrm{d}V \tag{6.1.1b}$$

利用对偶关系

$$\begin{cases}\boldsymbol{E}\to\boldsymbol{H}\\ -\boldsymbol{B}\to\boldsymbol{D}\end{cases},\quad \begin{cases}\boldsymbol{H}\to\boldsymbol{E}\\ \boldsymbol{J}\to-\boldsymbol{K}\end{cases},\quad \begin{cases}\boldsymbol{D}\to-\boldsymbol{B}\\ \rho\to-\rho_{\mathrm{m}}\end{cases}$$

替换式(6.1.1)中的各物理场，可知对应的磁性源公式为

$$\oint_S \left(\boldsymbol{E}_1\times\boldsymbol{H}_2-\boldsymbol{E}_2\times\boldsymbol{H}_1\right)\cdot \mathrm{d}\boldsymbol{S}=\int_V (-\boldsymbol{K}_1\cdot\boldsymbol{H}_2+\boldsymbol{K}_2\cdot\boldsymbol{H}_1)\mathrm{d}V \tag{6.1.2a}$$

$$\oint_S (\boldsymbol{H}_1\times\boldsymbol{B}_2-\boldsymbol{E}_1\times\boldsymbol{D}_2)\cdot \mathrm{d}\boldsymbol{S}=\int_V (\boldsymbol{K}_1\cdot\boldsymbol{D}_2-\boldsymbol{K}_2\cdot\boldsymbol{D}_1)\mathrm{d}V \tag{6.1.2b}$$

合并式(6.1.1)和式(6.1.2)，频域洛伦兹互易方程和 Feld-Tai 互易方程的一般形式为

$$\begin{aligned}&\oint_S \left(\boldsymbol{E}_1\times\boldsymbol{H}_2-\boldsymbol{E}_2\times\boldsymbol{H}_1\right)\cdot \mathrm{d}\boldsymbol{S}\\ &=\int_V (\boldsymbol{J}_1\cdot\boldsymbol{E}_2-\boldsymbol{J}_2\cdot\boldsymbol{E}_1-\boldsymbol{K}_1\cdot\boldsymbol{H}_2+\boldsymbol{K}_2\cdot\boldsymbol{H}_1)\mathrm{d}V\end{aligned} \tag{6.1.3a}$$

$$\begin{aligned}&\oint_S (\boldsymbol{H}_1\times\boldsymbol{B}_2-\boldsymbol{E}_1\times\boldsymbol{D}_2)\cdot \mathrm{d}\boldsymbol{S}\\ &=\int_V \left(\boldsymbol{J}_1\cdot\boldsymbol{B}_2-\boldsymbol{J}_2\cdot\boldsymbol{B}_1+\boldsymbol{K}_1\cdot\boldsymbol{D}_2-\boldsymbol{K}_2\cdot\boldsymbol{D}_1\right)\mathrm{d}V\end{aligned} \tag{6.1.3b}$$

电性源频域动量互易方程为

$$\begin{aligned}&\int_V (\boldsymbol{J}_1\times\boldsymbol{B}_2+\boldsymbol{J}_2\times\boldsymbol{B}_1-\rho_1\boldsymbol{E}_2-\rho_2\boldsymbol{E}_1)\mathrm{d}V\\&=-\oint_S \mathrm{d}\boldsymbol{S}\cdot\left[(\boldsymbol{H}_1\cdot\boldsymbol{B}_2\boldsymbol{I}-\boldsymbol{H}_1\boldsymbol{B}_2-\boldsymbol{B}_2\boldsymbol{H}_1)-(\boldsymbol{D}_1\cdot\boldsymbol{E}_2\boldsymbol{I}-\boldsymbol{D}_1\boldsymbol{E}_2-\boldsymbol{E}_2\boldsymbol{D}_1)\right]\end{aligned}\tag{6.1.4a}$$

$$\begin{aligned}&\int_V (\boldsymbol{J}_1\times\boldsymbol{D}_2+\boldsymbol{J}_2\times\boldsymbol{D}_1+\rho_1\boldsymbol{H}_2+\rho_2\boldsymbol{H}_1)\mathrm{d}V\\&=-\oint_S \mathrm{d}\boldsymbol{S}\cdot(\boldsymbol{H}_1\cdot\boldsymbol{D}_2\boldsymbol{I}+\boldsymbol{H}_2\cdot\boldsymbol{D}_1\boldsymbol{I}-\boldsymbol{H}_1\boldsymbol{D}_2-\boldsymbol{D}_2\boldsymbol{H}_1-\boldsymbol{H}_2\boldsymbol{D}_1-\boldsymbol{D}_1\boldsymbol{H}_2)\end{aligned}\tag{6.1.4b}$$

利用对偶关系，可知磁性源频域动量互易方程为

$$\begin{aligned}&\int_V (\boldsymbol{K}_1\times\boldsymbol{D}_2+\boldsymbol{K}_2\times\boldsymbol{D}_1+\rho_{\mathrm{m}1}\boldsymbol{H}_2+\rho_{\mathrm{m}2}\boldsymbol{H}_2)\mathrm{d}V\\&=-\oint_S \mathrm{d}\boldsymbol{S}\cdot\left[(\boldsymbol{H}_1\cdot\boldsymbol{B}_2\boldsymbol{I}-\boldsymbol{H}_1\boldsymbol{B}_2-\boldsymbol{B}_2\boldsymbol{H}_1)-(\boldsymbol{D}_1\cdot\boldsymbol{E}_2\boldsymbol{I}-\boldsymbol{D}_1\boldsymbol{E}_2-\boldsymbol{E}_2\boldsymbol{D}_1)\right]\end{aligned}\tag{6.1.5a}$$

$$\begin{aligned}&\int_V \left(-\varepsilon\boldsymbol{K}_1\times\boldsymbol{H}_2-\varepsilon\boldsymbol{K}_2\times\boldsymbol{H}_1+\frac{\rho_{\mathrm{m}1}}{\mu}\boldsymbol{D}_2+\frac{\rho_{\mathrm{m}2}}{\mu}\boldsymbol{D}_1\right)\mathrm{d}V\\&=-\oint_S \mathrm{d}\boldsymbol{S}\cdot(\boldsymbol{H}_1\cdot\boldsymbol{D}_2\boldsymbol{I}+\boldsymbol{H}_2\cdot\boldsymbol{D}_1\boldsymbol{I}-\boldsymbol{H}_1\boldsymbol{D}_2-\boldsymbol{D}_2\boldsymbol{H}_1-\boldsymbol{H}_2\boldsymbol{D}_1-\boldsymbol{D}_1\boldsymbol{H}_2)\end{aligned}\tag{6.1.5b}$$

合并式(6.1.4)和式(6.1.5)的体积分项，动量互易方程的一般形式为

$$\begin{aligned}&\int_V (\boldsymbol{J}_1\times\boldsymbol{B}_2+\boldsymbol{J}_2\times\boldsymbol{B}_1-\rho_1\boldsymbol{E}_2-\rho_2\boldsymbol{E}_1+\boldsymbol{K}_1\times\boldsymbol{D}_2\\&\quad+\boldsymbol{K}_2\times\boldsymbol{D}_1+\rho_{\mathrm{m}1}\boldsymbol{H}_2+\rho_{\mathrm{m}2}\boldsymbol{H}_1)\mathrm{d}V\\&=-\oint_S \mathrm{d}\boldsymbol{S}\cdot\left[(\boldsymbol{H}_1\cdot\boldsymbol{B}_2\boldsymbol{I}-\boldsymbol{H}_1\boldsymbol{B}_2-\boldsymbol{B}_2\boldsymbol{H}_1)-(\boldsymbol{D}_1\cdot\boldsymbol{E}_2\boldsymbol{I}-\boldsymbol{D}_1\boldsymbol{E}_2-\boldsymbol{E}_2\boldsymbol{D}_1)\right]\end{aligned}\tag{6.1.6a}$$

$$\begin{aligned}&\int_V \left(\boldsymbol{J}_1\times\boldsymbol{D}_2+\boldsymbol{J}_2\times\boldsymbol{D}_1+\rho_1\boldsymbol{H}_2+\rho_2\boldsymbol{H}_1-\varepsilon\boldsymbol{K}_1\times\boldsymbol{H}_2\right.\\&\quad\left.-\varepsilon\boldsymbol{K}_2\times\boldsymbol{H}_1+\frac{\rho_{\mathrm{m}1}}{\mu}\boldsymbol{D}_2+\frac{\rho_{\mathrm{m}2}}{\mu}\boldsymbol{D}_1\right)\mathrm{d}V\\&=-\oint_S \mathrm{d}\boldsymbol{S}\cdot(\boldsymbol{H}_1\cdot\boldsymbol{D}_2\boldsymbol{I}+\boldsymbol{H}_2\cdot\boldsymbol{D}_1\boldsymbol{I}-\boldsymbol{H}_1\boldsymbol{D}_2-\boldsymbol{D}_2\boldsymbol{H}_1-\boldsymbol{H}_2\boldsymbol{D}_1-\boldsymbol{D}_1\boldsymbol{H}_2)\end{aligned}\tag{6.1.6b}$$

电性源频域互动量方程为

$$\int_V \frac{1}{2}\mathrm{Re}(\boldsymbol{J}_1\times\boldsymbol{B}_2^* + \boldsymbol{J}_2^*\times\boldsymbol{B}_1 + \rho_1\boldsymbol{E}_2^* + \rho_2^*\boldsymbol{E}_1)\mathrm{d}V$$
$$= -\oint_S \mathrm{d}\boldsymbol{S}\cdot\frac{1}{2}\mathrm{Re}\Big[\big(\boldsymbol{H}_1\cdot\boldsymbol{B}_2^*\boldsymbol{I} - \boldsymbol{H}_1\boldsymbol{B}_2^* - \boldsymbol{B}_2^*\boldsymbol{H}_1\big) + \big(\boldsymbol{D}_1\cdot\boldsymbol{E}_2^*\boldsymbol{I} - \boldsymbol{D}_1\boldsymbol{E}_2^* - \boldsymbol{E}_2^*\boldsymbol{D}_1\big)\Big] \tag{6.1.7}$$

利用对偶关系，可知磁性源频域互动量方程为

$$\int_V \frac{1}{2}\mathrm{Re}(-\boldsymbol{K}_1\times\boldsymbol{D}_2^* - \boldsymbol{K}_2^*\times\boldsymbol{D}_1 + \rho_{\mathrm{m}1}\boldsymbol{H}_2^* + \rho_{\mathrm{m}2}^*\boldsymbol{H}_1)\mathrm{d}V$$
$$= -\oint_S \frac{1}{2}\mathrm{Re}\Big[\big(\boldsymbol{H}_1\cdot\boldsymbol{B}_2^*\boldsymbol{I} - \boldsymbol{H}_1\boldsymbol{B}_2^* - \boldsymbol{B}_2^*\boldsymbol{H}_1\big) + \big(\boldsymbol{D}_1\cdot\boldsymbol{E}_2^*\boldsymbol{I} - \boldsymbol{D}_1\boldsymbol{E}_2^* - \boldsymbol{E}_2^*\boldsymbol{D}_1\big)\Big]\cdot\mathrm{d}\boldsymbol{S} \tag{6.1.8}$$

合并式(6.1.7)和式(6.1.8)的体积分项，互动量定理的一般形式为

$$\int_V \frac{1}{2}\mathrm{Re}(\boldsymbol{J}_1\times\boldsymbol{B}_2^* + \boldsymbol{J}_2^*\times\boldsymbol{B}_1 + \rho_1\boldsymbol{E}_2^* + \rho_2^*\boldsymbol{E}_1 - \boldsymbol{K}_1\times\boldsymbol{D}_2^*$$
$$- \boldsymbol{K}_2^*\times\boldsymbol{D}_1 + \rho_{\mathrm{m}1}\boldsymbol{H}_2^* + \rho_{\mathrm{m}2}^*\boldsymbol{H}_1)\mathrm{d}V$$
$$= -\oint_S \frac{1}{2}\mathrm{Re}\Big[\big(\boldsymbol{H}_1\cdot\boldsymbol{B}_2^*\boldsymbol{I} - \boldsymbol{H}_1\boldsymbol{B}_2^* - \boldsymbol{B}_2^*\boldsymbol{H}_1\big) + \big(\boldsymbol{D}_1\cdot\boldsymbol{E}_2^*\boldsymbol{I} - \boldsymbol{D}_1\boldsymbol{E}_2^* - \boldsymbol{E}_2^*\boldsymbol{D}_1\big)\Big]\cdot\mathrm{d}\boldsymbol{S} \tag{6.1.9}$$

电性源时域动量互易方程为

$$\int_V \big(\boldsymbol{J}_1\otimes\boldsymbol{B}_2 + \boldsymbol{J}_2\otimes\boldsymbol{B}_1 - \rho_1\circledcirc\boldsymbol{E}_2 - \rho_2\circledcirc\boldsymbol{E}_1\big)\mathrm{d}V$$
$$= -\oint_S \mathrm{d}\boldsymbol{S}\cdot\Big[\big(\boldsymbol{H}_1\odot\boldsymbol{B}_2\boldsymbol{I} - \boldsymbol{H}_1\circledcirc\boldsymbol{B}_2 - \boldsymbol{B}_2\circledcirc\boldsymbol{H}_1\big) \tag{6.1.10}$$
$$-\big(\boldsymbol{D}_1\odot\boldsymbol{E}_2\boldsymbol{I} - \boldsymbol{D}_1\circledcirc\boldsymbol{E}_2 - \boldsymbol{E}_2\circledcirc\boldsymbol{D}_1\big)\Big]$$

利用对偶关系，可知磁性源时域动量互易方程为

$$
\begin{aligned}
&\int_V \left(\boldsymbol{K}_1 \otimes \boldsymbol{D}_2 + \boldsymbol{K}_2 \otimes \boldsymbol{D}_1 + \rho_{\mathrm{m}1} \circledcirc \boldsymbol{H}_2 + \rho_{\mathrm{m}2} \circledcirc \boldsymbol{H}_1\right)\mathrm{d}V \\
&= -\oint_S \mathrm{d}\boldsymbol{S} \cdot \left[\left(\boldsymbol{H}_1 \odot \boldsymbol{B}_2 \boldsymbol{I} - \boldsymbol{H}_1 \circledcirc \boldsymbol{B}_2 - \boldsymbol{B}_2 \circledcirc \boldsymbol{H}_1\right)\right. \\
&\quad \left. -\left(\boldsymbol{D}_1 \odot \boldsymbol{E}_2 \boldsymbol{I} - \boldsymbol{D}_1 \circledcirc \boldsymbol{E}_2 - \boldsymbol{E}_2 \circledcirc \boldsymbol{D}_1\right)\right]
\end{aligned}
\tag{6.1.11}
$$

合并式(6.1.10)和式(6.1.11)的体积分项，时域动量互易方程的一般形式为

$$
\begin{aligned}
&\int_V \left(\boldsymbol{J}_1 \otimes \boldsymbol{B}_2 + \boldsymbol{J}_2 \otimes \boldsymbol{B}_1 - \rho_1 \circledcirc \boldsymbol{E}_2 - \rho_2 \circledcirc \boldsymbol{E}_1 + \boldsymbol{K}_1 \otimes \boldsymbol{D}_2\right. \\
&\quad \left. + \boldsymbol{K}_2 \otimes \boldsymbol{D}_1 + \rho_{\mathrm{m}1} \circledcirc \boldsymbol{H}_2 + \rho_{\mathrm{m}2} \circledcirc \boldsymbol{H}_1\right)\mathrm{d}V \\
&= -\oint_S \mathrm{d}\boldsymbol{S} \cdot \left[\left(\boldsymbol{H}_1 \odot \boldsymbol{B}_2 \boldsymbol{I} - \boldsymbol{H}_1 \circledcirc \boldsymbol{B}_2 - \boldsymbol{B}_2 \circledcirc \boldsymbol{H}_1\right)\right. \\
&\quad \left. -\left(\boldsymbol{D}_1 \odot \boldsymbol{E}_2 \boldsymbol{I} - \boldsymbol{D}_1 \circledcirc \boldsymbol{E}_2 - \boldsymbol{E}_2 \circledcirc \boldsymbol{D}_1\right)\right]
\end{aligned}
\tag{6.1.12}
$$

6.2　时间反转变换

在前面各章节中，主要考虑了互易的两个波均为滞后波，若考虑超前波，通过对两个波均作时间反转变换实现。

两个滞后波的时域互易方程为

$$
\oint_S \left(\boldsymbol{E}_1 \otimes \boldsymbol{H}_2 - \boldsymbol{E}_2 \otimes \boldsymbol{H}_1\right) \cdot \mathrm{d}\boldsymbol{S} = \int_V (\boldsymbol{J}_1 \odot \boldsymbol{E}_2 - \boldsymbol{J}_2 \odot \boldsymbol{E}_1)\mathrm{d}V \tag{6.2.1}
$$

两个超前波的时域互易方程为

$$
\oint_S \left(\bar{\boldsymbol{E}}_1 \otimes \bar{\boldsymbol{H}}_2 - \bar{\boldsymbol{E}}_2 \otimes \bar{\boldsymbol{H}}_1\right) \cdot \mathrm{d}\boldsymbol{S} = \int_V (\bar{\boldsymbol{J}}_1 \odot \bar{\boldsymbol{E}}_2 - \bar{\boldsymbol{J}}_2 \odot \bar{\boldsymbol{E}}_1)\mathrm{d}V \tag{6.2.2}
$$

除此之外，利用时间反转变换，还可以实现从反应型方程到能量动量型方程的变换。对反应型方程(如互易方程、动量互易方程等)对角标为 2 的量作时间反转变换，之后在时域物理量为实数的情况下，利用卷积与互相关的关系，即可导出能量型或动量型方程(如互能方程、互动量方程等)。

时域互易方程为

$$\oint_S \left(\boldsymbol{E}_1 \otimes \boldsymbol{H}_2 - \boldsymbol{E}_2 \otimes \boldsymbol{H}_1\right) \cdot \mathrm{d}\boldsymbol{S} = \int_V (\boldsymbol{J}_1 \odot \boldsymbol{E}_2 - \boldsymbol{J}_2 \odot \boldsymbol{E}_1) \mathrm{d}V \tag{6.2.3}$$

对式(6.2.3)中角标为 2 的量作时间反转变换，得到

$$\oint_S \left(\boldsymbol{E}_1 \otimes \bar{\boldsymbol{H}}_2 + \bar{\boldsymbol{E}}_2 \otimes \boldsymbol{H}_1\right) \cdot \mathrm{d}\boldsymbol{S} = \int_V (\boldsymbol{J}_1 \odot \boldsymbol{E}_2 - \boldsymbol{J}_2 \odot \boldsymbol{E}_1) \mathrm{d}V \tag{6.2.4}$$

式(6.2.4)的等价互相关形式为

$$-\oint_S R\left(\boldsymbol{E}_1 \times \boldsymbol{H}_2 + \boldsymbol{E}_2 \times \boldsymbol{H}_1\right) \cdot \mathrm{d}\boldsymbol{S} = \int_V R(\boldsymbol{J}_1 \cdot \boldsymbol{E}_2 + \boldsymbol{J}_2 \cdot \boldsymbol{E}_1) \mathrm{d}V \tag{6.2.5}$$

式(6.2.4)即为时域互能方程。

6.3　频域共轭变换

频域共轭变换与时间反转变换具有类似的应用，一是在频域中实现两个滞后波作用关系到两个超前波作用关系的相互变换，二是在频域中实现反应型方程到能量动量型方程的相互变换。

下面对此进行阐述。设空间中的场 $\boldsymbol{F}$ 和源 $\boldsymbol{S}$ 为

$$\boldsymbol{F} = \left[\boldsymbol{E}, \boldsymbol{H}, \boldsymbol{D}, \boldsymbol{B}\right] \tag{6.3.1}$$

$$\boldsymbol{S} = \left[\boldsymbol{J}, \boldsymbol{K}, \rho, \rho_{\mathrm{m}}\right] \tag{6.3.2}$$

定义算子为

$$\boldsymbol{L} = \begin{bmatrix} -\mathrm{j}\omega\varepsilon\boldsymbol{I} & \boldsymbol{\varXi} & 0 & 0 \\ \boldsymbol{\varXi} & -\mathrm{j}\omega\mu\boldsymbol{I} & 0 & 0 \\ 0 & 0 & \nabla & 0 \\ 0 & 0 & 0 & \nabla \end{bmatrix} \tag{6.3.3}$$

式中，$\boldsymbol{\varXi} \cdot \boldsymbol{A} = \nabla \times \boldsymbol{A}$，$\boldsymbol{A}$ 为任意矢量。

麦克斯韦方程组可以写成

$$\boldsymbol{L} \cdot \boldsymbol{F} = \boldsymbol{S} \tag{6.3.4}$$

定义共轭场、共轭源与共轭介质，共轭算子分别为

$$\boldsymbol{F}^{+}=\left[\boldsymbol{E}^{*},-\boldsymbol{H}^{*},\boldsymbol{D}^{*},-\boldsymbol{B}^{*}\right] \tag{6.3.5}$$

$$\boldsymbol{S}^{+}=\left[-\boldsymbol{J}^{*},\boldsymbol{K}^{*},\rho^{*},-\rho_{\mathrm{m}}^{*}\right] \tag{6.3.6}$$

$$\boldsymbol{L}^{+}=\begin{bmatrix}-\mathrm{j}\omega\varepsilon^{*}\boldsymbol{I} & \boldsymbol{\Xi} & 0 & 0\\ \boldsymbol{\Xi} & -\mathrm{j}\omega\mu^{*}\boldsymbol{I} & 0 & 0\\ 0 & 0 & \nabla & 0\\ 0 & 0 & 0 & \nabla\end{bmatrix} \tag{6.3.7}$$

$$\varepsilon^{+}=\varepsilon^{*},\quad \mu^{+}=\mu^{*} \tag{6.3.8}$$

式中，“*”表示复共轭；“+”表示场和源的共轭。

可以证明，共轭场和共轭源在共轭介质中满足麦克斯韦方程组

$$\boldsymbol{L}^{+}\cdot\boldsymbol{F}^{+}=\boldsymbol{S}^{+} \tag{6.3.9}$$

用共轭场 $\boldsymbol{F}^{+}$ 和共轭源 $\boldsymbol{S}^{+}$ 以及共轭介质 ε^{+}，μ^{+} 分别替换场 $\boldsymbol{F}$ 和源 $\boldsymbol{S}$ 以及介质 ε，μ，则频域麦克斯韦方程组的形式不变，这种变换称为共轭变换。

显然，若对两个电磁场源均作共轭变换，则导出的互易方程的形式不变。

根据信号分析理论，时域实函数对应的频域函数 $X(\omega)$ 具有共轭对称性，即 $X(-\omega)=X^{*}(\omega)$，即频域反转等价于频域取共轭。于是，式(6.3.5)和式(6.3.6)可化为

$$\boldsymbol{F}^{+}=\left[\boldsymbol{E}(\boldsymbol{r},-\omega),-\boldsymbol{H}(\boldsymbol{r},-\omega),\boldsymbol{D}(\boldsymbol{r},-\omega),-\boldsymbol{B}(\boldsymbol{r},-\omega)\right] \tag{6.3.10}$$

$$\boldsymbol{S}^{+}=\left[-\boldsymbol{J}(\boldsymbol{r},-\omega),\boldsymbol{K}(\boldsymbol{r},-\omega),\rho(\boldsymbol{r},-\omega),-\rho_{\mathrm{m}}(\boldsymbol{r},-\omega)\right] \tag{6.3.11}$$

经典频域互易定理描述的两个场源关系是针对麦克斯韦方程组的滞后解。根据 2.7 节可知，麦克斯韦方程组的解除了常见的滞后解，还存在超前解。式(6.3.10)和式(6.3.11)说明经过共轭变换，两个滞后波互易变换为两个超前波互易。

两个滞后波的频域互易方程为

$$\oint_S [\boldsymbol{E}_1(\boldsymbol{r},\omega)\times\boldsymbol{H}_2(\boldsymbol{r},\omega)-\boldsymbol{E}_2(\boldsymbol{r},\omega)\times\boldsymbol{H}_1(\boldsymbol{r},\omega)]\cdot \mathrm{d}\boldsymbol{S} = \int_V [\boldsymbol{J}_1(\boldsymbol{r},\omega)\cdot\boldsymbol{E}_2(\boldsymbol{r},\omega)-\boldsymbol{J}_2(\boldsymbol{r},\omega)\cdot\boldsymbol{E}_1(\boldsymbol{r},\omega)]\mathrm{d}V \tag{6.3.12}$$

对式(6.3.12)中两个场源均作共轭变换，可以得到两个超前波的互易方程

$$\oint_S [\boldsymbol{E}_1^*(\boldsymbol{r},\omega)\times\boldsymbol{H}_2^*(\boldsymbol{r},\omega)-\boldsymbol{E}_2^*(\boldsymbol{r},\omega)\times\boldsymbol{H}_1^*(\boldsymbol{r},\omega)]\cdot \mathrm{d}\boldsymbol{S} = \int_V [\boldsymbol{J}_1^*(\boldsymbol{r},\omega)\cdot\boldsymbol{E}_2^*(\boldsymbol{r},\omega)-\boldsymbol{J}_2^*(\boldsymbol{r},\omega)\cdot\boldsymbol{E}_1^*(\boldsymbol{r},\omega)]\mathrm{d}V \tag{6.3.13}$$

或

$$\oint_S [\boldsymbol{E}_1(\boldsymbol{r},-\omega)\times\boldsymbol{H}_2(\boldsymbol{r},-\omega)-\boldsymbol{E}_2(\boldsymbol{r},-\omega)\times\boldsymbol{H}_1(\boldsymbol{r},-\omega)]\cdot \mathrm{d}\boldsymbol{S} = \int_V [\boldsymbol{J}_1(\boldsymbol{r},-\omega)\cdot\boldsymbol{E}_2(\boldsymbol{r},-\omega)-\boldsymbol{J}_2(\boldsymbol{r},-\omega)\cdot\boldsymbol{E}_1(\boldsymbol{r},-\omega)]\mathrm{d}V \tag{6.3.14}$$

式(6.3.13)和式(6.3.14)说明，式(6.3.12)描述的互易关系，其适用范围不再局限于两个滞后波，可以延伸于两个超前波。互易的两个波均为同一种类型的波，即均为滞后波或均为超前波。当两个波均为超前波时，式(6.3.12)中的ω取$-\omega$即可。可以看出，共轭变换不是像傅里叶变换那样的数学变换，一个公式经过数学变换，物理性质没有发生变化。共轭变换是一个物理变换。电磁场在共轭变换前满足麦克斯韦方程，则变换后仍满足麦克斯韦方程。共轭变换把滞后波变成超前波，把超前波变成滞后波。

当然，利用共轭变换，也可以实现反应型方程到能量动量型方程的变换。与滞后波互易方程到超前波的互易方程不同，只对两个电磁场源中的一个作共轭变换，若对能量动量型方程的任意一个场源作共轭变换，可得反应型方程；反之，若对反应型方程的任意一个场源作共轭变换，可得能量动量型方程。这也说明了反应型方程和能量动量型方程存在紧密联系。

比如，洛伦兹互易方程的一般形式为

$$\oint_S \left(\boldsymbol{E}_1\times\boldsymbol{H}_2-\boldsymbol{E}_2\times\boldsymbol{H}_1\right)\cdot \mathrm{d}\boldsymbol{S} \\ =\int_V (\boldsymbol{J}_1\cdot\boldsymbol{E}_2-\boldsymbol{J}_2\cdot\boldsymbol{E}_1-\boldsymbol{K}_1\cdot\boldsymbol{H}_2+\boldsymbol{K}_2\cdot\boldsymbol{H}_1)\mathrm{d}V \tag{6.3.15}$$

对式(6.3.15)中角标为 2 的量作共轭变换，可得互能方程

$$-\oint_S \left(\boldsymbol{E}_1\times\boldsymbol{H}_2^*+\boldsymbol{E}_2^*\times\boldsymbol{H}_1\right)\cdot \mathrm{d}\boldsymbol{S} \\ =\int_V (\boldsymbol{J}_1\cdot\boldsymbol{E}_2^*+\boldsymbol{J}_2^*\cdot\boldsymbol{E}_1+\boldsymbol{K}_1\cdot\boldsymbol{H}_2^*+\boldsymbol{K}_2^*\cdot\boldsymbol{H}_1)\mathrm{d}V \tag{6.3.16}$$

反之，对互能方程中角标为 2 的量作共轭变换，可得互易方程。

动量互易方程为

$$\int_V \left(\boldsymbol{J}_1\times\boldsymbol{B}_2+\boldsymbol{J}_2\times\boldsymbol{B}_1-\rho_1\boldsymbol{E}_2-\rho_2\boldsymbol{E}_1+\boldsymbol{K}_1\times\boldsymbol{D}_2 \right. \\ \left. +\boldsymbol{K}_2\times\boldsymbol{D}_1+\rho_{\mathrm{m}1}\boldsymbol{H}_2+\rho_{\mathrm{m}2}\boldsymbol{H}_1\right)\mathrm{d}V \\ =-\oint_S \mathrm{d}\boldsymbol{S}\cdot\left[\left(\boldsymbol{H}_1\cdot\boldsymbol{B}_2\boldsymbol{I}-\boldsymbol{H}_1\boldsymbol{B}_2-\boldsymbol{B}_2\boldsymbol{H}_1\right)-\left(\boldsymbol{D}_1\cdot\boldsymbol{E}_2\boldsymbol{I}-\boldsymbol{D}_1\boldsymbol{E}_2-\boldsymbol{E}_2\boldsymbol{D}_1\right)\right] \tag{6.3.17}$$

对动量互易方程中角标为 2 的量作共轭变换，可得互动量方程

$$\int_V \left(\boldsymbol{J}_1\times\boldsymbol{B}_2^*+\boldsymbol{J}_2^*\times\boldsymbol{B}_1+\rho_1\boldsymbol{E}_2^*+\rho_2^*\boldsymbol{E}_1-\boldsymbol{K}_1\times\boldsymbol{D}_2^* \right. \\ \left. -\boldsymbol{K}_2^*\times\boldsymbol{D}_1+\rho_{\mathrm{m}1}\boldsymbol{H}_2^*+\rho_{\mathrm{m}2}^*\boldsymbol{H}_1\right)\mathrm{d}V \\ =-\oint_S \mathrm{d}\boldsymbol{S}\cdot\left[\left(\boldsymbol{H}_1\cdot\boldsymbol{B}_2^*\boldsymbol{I}-\boldsymbol{H}_1\boldsymbol{B}_2^*-\boldsymbol{B}_2^*\boldsymbol{H}_1\right)+\left(\boldsymbol{D}_1\cdot\boldsymbol{E}_2^*\boldsymbol{I}-\boldsymbol{D}_1\boldsymbol{E}_2^*-\boldsymbol{E}_2^*\boldsymbol{D}_1\right)\right] \tag{6.3.18}$$

式(6.3.15)和式(6.3.17)分别表达两个场源之间的互复功率和互动量，具有复功率密度和复动量密度的量纲。尽管能量动量型方程与反应型方程有上述紧密的联系，但它们仍是两个完全独立的定理。反应型方程描述两个场源之间的“反应”关系，不具有实际物理意义，适用于处理两个相同性质的场源。能量动量型方程描述两个场源之间的“互复功率”或“互复动量”关系，具有实际物理意义，更适用于处理一个源产生滞后波，另一个源产生超前波的情况。

需要说明的是，时间反转与频域共轭存在紧密联系。因为将时域信号 $x(t)$ 时间反转得到 $x(-t)$，其对应的傅里叶变换信号 $X(-\omega)$ 与时域信号 $x(t)$ 直接作傅里叶变换得到频域信号 $X(\omega)$ 再取共轭的结果是相等的。即时域信号先时间反转再作傅里叶变换与时域信号先作傅里叶变换再取共轭是等价的，时域的时间反转对应频域的共轭。

6.4　傅里叶变换

频域方程和时域方程可通过傅里叶变换相互导出。

对于表示反应的诸如互易方程或动量互易方程，需要用到卷积定理，即频域乘积对应时域卷积。而对于表示能量和动量的互能方程和互动量方程，需要用到相关定理，即频域中的两个频域场任意一个取共轭再与另一个相乘，对应时域互相关。

时域互易方程为

$$\oint_S (\boldsymbol{E}_1 \otimes \boldsymbol{H}_2 - \boldsymbol{E}_2 \otimes \boldsymbol{H}_1) \cdot \mathrm{d}\boldsymbol{S} = \int_V (\boldsymbol{J}_1 \odot \boldsymbol{E}_2 - \boldsymbol{J}_2 \odot \boldsymbol{E}_1) \mathrm{d}V \tag{6.4.1}$$

对式(6.4.1)作傅里叶变换，利用卷积定理，可以得到频域互易方程

$$\oint_S (\boldsymbol{E}_1 \times \boldsymbol{H}_2 - \boldsymbol{E}_2 \times \boldsymbol{H}_1) \cdot \mathrm{d}\boldsymbol{S} = \int_V (\boldsymbol{J}_1 \cdot \boldsymbol{E}_2 - \boldsymbol{J}_2 \cdot \boldsymbol{E}_1) \mathrm{d}V \tag{6.4.2}$$

反之，对式(6.4.2)作傅里叶反变换，利用卷积定理，可以导出时域互易方程。

时域互相关互能方程为

$$-\oint_S R(\boldsymbol{E}_1 \times \boldsymbol{H}_2 + \boldsymbol{E}_2 \times \boldsymbol{H}_1) \cdot \mathrm{d}\boldsymbol{S} = \int_V R(\boldsymbol{J}_1 \cdot \boldsymbol{E}_2 + \boldsymbol{J}_2 \cdot \boldsymbol{E}_1) \mathrm{d}V \tag{6.4.3}$$

对式(6.4.3)作傅里叶变换，利用相关定理，可以得到频域互能方程

$$-\oint_S (\boldsymbol{E}_1 \times \boldsymbol{H}_2^* + \boldsymbol{E}_2^* \times \boldsymbol{H}_1) \cdot \mathrm{d}\boldsymbol{S} = \int_V (\boldsymbol{J}_1 \cdot \boldsymbol{E}_2^* + \boldsymbol{J}_2^* \cdot \boldsymbol{E}_1) \mathrm{d}V \tag{6.4.4}$$

6.5　法拉第-安培变换

一般形式的麦克斯韦方程组，既包含电性源又包含磁性源。法拉第电磁感应定律与高斯磁通定理也称作麦克斯韦-法拉第方程，安培定律与高斯电通定理也称作麦克斯韦-安培方程。这两组方程可以相互变换。对比两组方程，写成如下形式：

$$\begin{cases}\nabla\times\boldsymbol{E}=-\boldsymbol{K}-\dfrac{\partial\boldsymbol{B}}{\partial t}\\ \nabla\cdot\boldsymbol{B}=\rho_{\mathrm{m}}\\ \nabla\times\boldsymbol{H}=\boldsymbol{J}+\dfrac{\partial\boldsymbol{D}}{\partial t}\\ \nabla\cdot\boldsymbol{D}=\rho\end{cases},\quad \begin{cases}\nabla\times\boldsymbol{H}=\boldsymbol{J}+\dfrac{\partial\boldsymbol{D}}{\partial t}\\ \nabla\cdot\boldsymbol{D}=\rho\\ \nabla\times\boldsymbol{E}=-\boldsymbol{K}-\dfrac{\partial\boldsymbol{B}}{\partial t}\\ \nabla\cdot\boldsymbol{B}=\rho_{\mathrm{m}}\end{cases}$$

很容易得到如下对应关系：

$$\begin{cases}\boldsymbol{E}\to\boldsymbol{B}\\ \boldsymbol{H}\to-\boldsymbol{D}\end{cases},\quad \begin{cases}\boldsymbol{J}\to\varepsilon\boldsymbol{K}\\ \boldsymbol{K}\to-\mu\boldsymbol{J}\end{cases},\quad \begin{cases}\rho_{\mathrm{m}}\to-\mu\rho\\ \rho\to\varepsilon\rho_{\mathrm{m}}\end{cases},\quad \begin{cases}\mu\to-\varepsilon\\ \varepsilon\to-\mu\end{cases}$$

本书称这种变换为法拉第-安培变换。该变换用来处理洛伦兹互易方程与 Feld-Tai 互易方程，动量互易方程与另一个动量互易方程。

互易定理的一般形式为

$$\begin{aligned}&\oint_S\left(\boldsymbol{E}_1\times\boldsymbol{H}_2-\boldsymbol{E}_2\times\boldsymbol{H}_1\right)\cdot\mathrm{d}\boldsymbol{S}\\ &=\int_V(\boldsymbol{J}_1\cdot\boldsymbol{E}_2-\boldsymbol{J}_2\cdot\boldsymbol{E}_1-\boldsymbol{K}_1\cdot\boldsymbol{H}_2+\boldsymbol{K}_2\cdot\boldsymbol{H}_1)\mathrm{d}V\end{aligned}\tag{6.5.1}$$

保持第一个场源不变，第二个场源采用法拉第-安培变换，可以由洛伦兹互易方程导出 Feld-Tai 互易方程

$$\begin{aligned}&\oint_S(\boldsymbol{H}_1\times\boldsymbol{B}_2-\boldsymbol{E}_1\times\boldsymbol{D}_2)\cdot\mathrm{d}\boldsymbol{S}\\ &=\int_V\left(\boldsymbol{J}_1\cdot\boldsymbol{B}_2-\boldsymbol{J}_2\cdot\boldsymbol{B}_1+\boldsymbol{K}_1\cdot\boldsymbol{D}_2-\boldsymbol{K}_2\cdot\boldsymbol{D}_1\right)\mathrm{d}V\end{aligned}\tag{6.5.2}$$

互动量方程的一般形式为

$$\begin{aligned}&\int_V(\boldsymbol{J}_1\times\boldsymbol{B}_2+\boldsymbol{J}_2\times\boldsymbol{B}_1-\rho_1\boldsymbol{E}_2-\rho_2\boldsymbol{E}_1+\boldsymbol{K}_1\times\boldsymbol{D}_2\\&+\boldsymbol{K}_2\times\boldsymbol{D}_1+\rho_{\mathrm{m}1}\boldsymbol{H}_2+\rho_{\mathrm{m}2}\boldsymbol{H}_1)\mathrm{d}V\\&=-\oint_S\mathrm{d}\boldsymbol{S}\cdot\left[\left(\boldsymbol{H}_1\cdot\boldsymbol{B}_2\boldsymbol{I}-\boldsymbol{H}_1\boldsymbol{B}_2-\boldsymbol{B}_2\boldsymbol{H}_1\right)-\left(\boldsymbol{D}_1\cdot\boldsymbol{E}_2\boldsymbol{I}-\boldsymbol{D}_1\boldsymbol{E}_2-\boldsymbol{E}_2\boldsymbol{D}_1\right)\right]\end{aligned}\tag{6.5.3}$$

保持第一个场源不变，第二个场源采用法拉第-安培变换，可以导出另一个动量互易方程：

$$\begin{aligned}&\int_V\left(\boldsymbol{J}_1\times\boldsymbol{D}_2+\boldsymbol{J}_2\times\boldsymbol{D}_1+\rho_1\boldsymbol{H}_2+\rho_2\boldsymbol{H}_1-\boldsymbol{\varepsilon}\boldsymbol{K}_1\times\boldsymbol{H}_2\right.\\&\left.-\boldsymbol{\varepsilon}\boldsymbol{K}_2\times\boldsymbol{H}_1+\frac{\rho_{\mathrm{m}1}}{\mu}\boldsymbol{D}_2+\frac{\rho_{\mathrm{m}2}}{\mu}\boldsymbol{D}_1\right)\mathrm{d}V\\&=-\oint_S\mathrm{d}\boldsymbol{S}\cdot\left(\boldsymbol{H}_1\cdot\boldsymbol{D}_2\boldsymbol{I}+\boldsymbol{H}_2\cdot\boldsymbol{D}_1\boldsymbol{I}-\boldsymbol{H}_1\boldsymbol{D}_2-\boldsymbol{D}_2\boldsymbol{H}_1-\boldsymbol{H}_2\boldsymbol{D}_1-\boldsymbol{D}_1\boldsymbol{H}_2\right)\end{aligned}\tag{6.5.4}$$

第 7 章 微分几何方法

本章简述微分几何的基本知识，并介绍微分几何体系下对互易定理方程中的“Rumsey 反应”概念的扩展。

7.1 微分几何简述

考虑两个四维线性空间，即矢量空间 $\mathbb{E}_p$ 和 p-形式空间 $\mathbb{F}_p$，$\boldsymbol{e}_1,\boldsymbol{e}_2,\boldsymbol{e}_3$ 为三维矢量基，$\varepsilon_1,\varepsilon_2,\varepsilon_3$ 为 1-形式空间基，ε_4 为 1-形式时间基，$\varepsilon_{ij}=\varepsilon_i\wedge\varepsilon_j$ 为 2-形式基，$\varepsilon_{123}=\varepsilon_1\wedge\varepsilon_2\wedge\varepsilon_3$ 为 3-形式空间基。

吉布斯电磁场量为

$$\rho_{\mathrm{eg}}\in\mathbb{E}_0 \tag{7.1.1}$$

$$\rho_{\mathrm{mg}}\in\mathbb{E}_0 \tag{7.1.2}$$

$$\boldsymbol{J}_{\mathrm{g}}=\boldsymbol{e}_1J_{23}+\boldsymbol{e}_2J_{31}+\boldsymbol{e}_3J_{12}\in\mathbb{E}_1 \tag{7.1.3}$$

$$\boldsymbol{K}_{\mathrm{g}}=\boldsymbol{e}_1K_{23}+\boldsymbol{e}_2K_{31}+\boldsymbol{e}_3K_{12}\in\mathbb{E}_1 \tag{7.1.4}$$

$$\boldsymbol{E}_{\mathrm{g}}=\boldsymbol{e}_1E_1+\boldsymbol{e}_2E_2+\boldsymbol{e}_3E_3\in\mathbb{E}_1 \tag{7.1.5}$$

$$\boldsymbol{H}_{\mathrm{g}}=\boldsymbol{e}_1H_1+\boldsymbol{e}_2H_2+\boldsymbol{e}_3H_3\in\mathbb{E}_1 \tag{7.1.6}$$

$$\boldsymbol{D}_{\mathrm{g}}=\boldsymbol{e}_1D_{23}+\boldsymbol{e}_2D_{31}+\boldsymbol{e}_3D_{12}\in\mathbb{E}_1 \tag{7.1.7}$$

$$\boldsymbol{B}_{\mathrm{g}}=\boldsymbol{e}_1B_{23}+\boldsymbol{e}_2B_{31}+\boldsymbol{e}_3B_{12}\in\mathbb{E}_1 \tag{7.1.8}$$

分别为电荷密度、磁荷密度、电流密度、磁流密度、电场强度、磁场强度、电通密度和磁通密度。

对应的微分形式电磁场量为

$$\boldsymbol{\rho}_{\mathrm{e}}=\rho_{\mathrm{e}}\varepsilon_{123}\in\mathbb{F}_3 \tag{7.1.9}$$

$$\boldsymbol{\rho}_{\mathrm{m}} = \rho_{\mathrm{m}}\varepsilon_{123} \in \mathbb{F}_3 \tag{7.1.10}$$

$$\boldsymbol{J} = \varepsilon_{23}J_{23} + \varepsilon_{31}J_{31} + \varepsilon_{12}J_{12} \in \mathbb{F}_2 \tag{7.1.11}$$

$$\boldsymbol{K} = \varepsilon_{23}K_{23} + \varepsilon_{31}K_{31} + \varepsilon_{12}K_{12} \in \mathbb{F}_2 \tag{7.1.12}$$

$$\boldsymbol{E} = \varepsilon_1 E_1 + \varepsilon_2 E_2 + \varepsilon_3 E_3 \in \mathbb{F}_1 \tag{7.1.13}$$

$$\boldsymbol{H} = \varepsilon_1 H_1 + \varepsilon_2 H_2 + \varepsilon_3 H_3 \in \mathbb{F}_1 \tag{7.1.14}$$

$$\boldsymbol{D} = \varepsilon_{23}D_{23} + \varepsilon_{31}D_{31} + \varepsilon_{12}D_{12} \in \mathbb{F}_2 \tag{7.1.15}$$

$$\boldsymbol{B} = \varepsilon_{23}B_{23} + \varepsilon_{31}B_{31} + \varepsilon_{12}B_{12} \in \mathbb{F}_2 \tag{7.1.16}$$

闵可夫斯基四维公式中的场与源为

$$\boldsymbol{\Phi} = \boldsymbol{B} + \boldsymbol{E} \wedge \varepsilon_4 \in \mathbb{F}_2 \tag{7.1.17}$$

$$\boldsymbol{\Psi} = \boldsymbol{D} - \boldsymbol{H} \wedge \varepsilon_4 \in \mathbb{F}_2 \tag{7.1.18}$$

$$\boldsymbol{\gamma}_{\mathrm{e}} = \boldsymbol{\rho}_{\mathrm{e}} - \boldsymbol{J} \wedge \varepsilon_4 \in \mathbb{F}_3 \tag{7.1.19}$$

$$\boldsymbol{\gamma}_{\mathrm{m}} = \boldsymbol{\rho}_{\mathrm{m}} - \boldsymbol{K} \wedge \varepsilon_4 \in \mathbb{F}_3 \tag{7.1.20}$$

式中，$\boldsymbol{\Phi}$ 为法拉第 2-形式；$\boldsymbol{\Psi}$ 为 Deschamps 场或麦克斯韦 2-形式；$\boldsymbol{\gamma}_{\mathrm{e}}$ 和 $\boldsymbol{\gamma}_{\mathrm{m}}$ 分别为电源与磁源。

7.2　Rumsey 广义反应

2020 年，Lindell 等从 Rumsey(1954)的反应概念出发，利用微分几何对互易定理作了扩展(Lindell et al., 2020)。下面的推导过程就是参考这篇论文给出的。

先考虑如下两项：

$$\begin{aligned} \boldsymbol{J}_{\mathrm{g}} \cdot \boldsymbol{E}_{\mathrm{g}} &= \boldsymbol{J}_{\mathrm{g}} \big| \boldsymbol{E} = (\boldsymbol{e}_{123} \rfloor \boldsymbol{J}) \big| \boldsymbol{E} \\ &= \boldsymbol{e}_{123} \big| (\boldsymbol{J} \wedge \boldsymbol{E}) = \boldsymbol{e}_N \big| (\boldsymbol{J} \wedge \boldsymbol{E} \wedge \varepsilon_4) \end{aligned} \tag{7.2.1a}$$

$$\begin{aligned} \boldsymbol{K}_{\mathrm{g}} \cdot \boldsymbol{H}_{\mathrm{g}} &= \boldsymbol{K}_{\mathrm{g}} \big| \boldsymbol{H} = (\boldsymbol{e}_{123} \llcorner \boldsymbol{K}) \big| \boldsymbol{H} \\ &= \boldsymbol{e}_{123} \big| (\boldsymbol{K} \wedge \boldsymbol{H}) = \boldsymbol{e}_N \big| (\boldsymbol{K} \wedge \boldsymbol{H} \wedge \varepsilon_4) \end{aligned} \tag{7.2.1b}$$

将式(7.1.17)代入式(7.2.1a)，并考虑到 $\boldsymbol{J} \wedge \boldsymbol{B}$ 为零，有

$$\boldsymbol{J}_{\mathrm{g}} \cdot \boldsymbol{E}_{\mathrm{g}} = \boldsymbol{e}_N \big| (\boldsymbol{J} \wedge \boldsymbol{\Phi}) = \boldsymbol{e}_N \big| (\boldsymbol{\Phi} \wedge \boldsymbol{J}) \tag{7.2.2a}$$

将式(7.1.18)代入式(7.2.1b)，并考虑到 $\boldsymbol{K} \wedge \boldsymbol{D}$ 为零，有

$$\boldsymbol{K}_{\mathrm{g}} \cdot \boldsymbol{H}_{\mathrm{g}} = \boldsymbol{e}_N \big| (-\boldsymbol{K} \wedge \boldsymbol{\Psi}) = \boldsymbol{e}_N \big| (-\boldsymbol{\Psi} \wedge \boldsymbol{K}) \tag{7.2.2b}$$

考虑两个场源，上角标用 a 和 b 表示，反应项为

$$R^{ab} = \boldsymbol{J}_{\mathrm{g}}^a \cdot \boldsymbol{E}_{\mathrm{g}}^b - \boldsymbol{K}_{\mathrm{g}}^a \cdot \boldsymbol{H}_{\mathrm{g}}^b = \boldsymbol{e}_N \big| (\boldsymbol{\Phi}^b \wedge \boldsymbol{J}^a) + \boldsymbol{e}_N \big| (\boldsymbol{\Psi}^b \wedge \boldsymbol{K}^a) \tag{7.2.3}$$

则 2-形式源可以通过 3-形式源缩积得到

$$\boldsymbol{J} = -\gamma_{\mathrm{e}} \llcorner \boldsymbol{e}_4 \tag{7.2.4a}$$

$$\boldsymbol{K} = -\gamma_{\mathrm{m}} \llcorner \boldsymbol{e}_4 \tag{7.2.4b}$$

将式(7.2.4)代入式(7.2.3)，有

$$R^{ab} = -\boldsymbol{e}_N \big| \left[\boldsymbol{\Phi}^b \wedge (\gamma_{\mathrm{e}}^a \llcorner \boldsymbol{e}_4) \right] - \boldsymbol{e}_N \big| \left[\boldsymbol{\Psi}^b \wedge (\gamma_{\mathrm{m}}^a \llcorner \boldsymbol{e}_4) \right] \tag{7.2.5}$$

将式(7.2.5)乘以 ε_4，有

$$R^{ab}\varepsilon_4 = -\boldsymbol{e}_N \big| \left[\boldsymbol{\Phi}^b \wedge (\gamma_{\mathrm{e}}^a \llcorner \boldsymbol{e}_4\varepsilon_4) \right] - \boldsymbol{e}_N \big| \left[\boldsymbol{\Psi}^b \wedge (\gamma_{\mathrm{m}}^a \llcorner \boldsymbol{e}_4\varepsilon_4) \right] \tag{7.2.6}$$

用单位并矢 $\boldsymbol{I} = \sum e_i \varepsilon_i$ 代替 $e_4 \varepsilon_4$，则产生 1-形式的反应密度量，即广义的反应密度项

$$\boldsymbol{R}^{ab} = -\boldsymbol{e}_N \big| \left[\boldsymbol{\Phi}^b \wedge \left(\gamma_{\mathrm{e}}^a \llcorner \boldsymbol{I} \right) \right] - \boldsymbol{e}_N \big| \left[\boldsymbol{\Psi}^b \wedge \left(\gamma_{\mathrm{m}}^a \llcorner \boldsymbol{I} \right) \right] \tag{7.2.7}$$

将单位并矢分解为空间和时间两部分

$$\boldsymbol{I} = \boldsymbol{I}_S + \boldsymbol{e}_4 \varepsilon_4$$

空间单位并矢为

$$\boldsymbol{I}_S = \boldsymbol{e}_1 \varepsilon_1 + \boldsymbol{e}_2 \varepsilon_2 + \boldsymbol{e}_3 \varepsilon_3$$

广义反应密度 $\boldsymbol{R}^{ab}$ 的空间项为

$$\boldsymbol{R}_{\mathrm{s}}^{ab}=\boldsymbol{R}^{ab}\big|\boldsymbol{I}_S=-\boldsymbol{e}_N\big|\left[\boldsymbol{\Phi}^b\wedge\left(\gamma_{\mathrm{e}}^a\llcorner\boldsymbol{I}_S\right)\right]-\boldsymbol{e}_N\big|\left[\boldsymbol{\Psi}^b\wedge\left(\gamma_{\mathrm{m}}^a\llcorner\boldsymbol{I}_S\right)\right] \tag{7.2.8}$$

其中

$$\gamma_{\mathrm{e}}\llcorner\boldsymbol{I}_S=\rho_{\mathrm{e}}\varepsilon_{123}\llcorner\boldsymbol{I}_S-(\boldsymbol{J}\wedge\varepsilon_4)\llcorner\boldsymbol{I}_S \tag{7.2.9a}$$

$$\gamma_{\mathrm{m}}\llcorner\boldsymbol{I}_S=\rho_{\mathrm{m}}\varepsilon_{123}\llcorner\boldsymbol{I}_S-(\boldsymbol{K}\wedge\varepsilon_4)\llcorner\boldsymbol{I}_S \tag{7.2.9b}$$

因此，式(7.2.8)右边可以分为两部分，分别为

$$\begin{aligned}-\boldsymbol{e}_N\big|\left[\boldsymbol{\Phi}\wedge\left(\gamma_{\mathrm{e}}\llcorner\boldsymbol{I}_S\right)\right]=&-\boldsymbol{e}_N\big|\left[\left(\boldsymbol{E}\wedge\varepsilon_4\right)\wedge\left(\rho_{\mathrm{e}}\varepsilon_{123}\llcorner\boldsymbol{I}_S\right)\right]\\&+\boldsymbol{e}_N\big|\left\{\boldsymbol{B}\wedge\left[\left(\boldsymbol{J}\wedge\varepsilon_4\right)\llcorner\boldsymbol{I}_S\right]\right\}\end{aligned} \tag{7.2.10a}$$

$$\begin{aligned}-\boldsymbol{e}_N\big|\left[\boldsymbol{\Psi}\wedge\left(\gamma_{\mathrm{m}}\llcorner\boldsymbol{I}_S\right)\right]=&\boldsymbol{e}_N\big|\left[\left(\boldsymbol{H}\wedge\varepsilon_4\right)\wedge\left(\rho_{\mathrm{m}}\varepsilon_{123}\llcorner\boldsymbol{I}_S\right)\right]\\&+\boldsymbol{e}_N\big|\left\{\boldsymbol{D}\wedge\left[\left(\boldsymbol{K}\wedge\varepsilon_4\right)\llcorner\boldsymbol{I}_S\right]\right\}\end{aligned} \tag{7.2.10b}$$

式(7.2.10)右边第一项为

$$\begin{aligned}-\boldsymbol{e}_N\big|\left[\left(\boldsymbol{E}\wedge\varepsilon_4\right)\wedge\left(\rho_{\mathrm{e}}\varepsilon_{123}\llcorner\boldsymbol{I}_S\right)\right]&=-\boldsymbol{e}_{123}\big|\left[\rho_{\mathrm{e}}\boldsymbol{E}\wedge\left(\varepsilon_{123}\llcorner\boldsymbol{I}_S\right)\right]\\&=-\boldsymbol{e}_{123}\big|\left(\rho_{\mathrm{e}}\varepsilon_{123}\boldsymbol{E}\right)=-\rho_{\mathrm{e}}\boldsymbol{E}=-\rho_{\mathrm{e}}\boldsymbol{E}_{\mathrm{g}}\big|\overline{\overline{\Gamma}}_S\end{aligned} \tag{7.2.11a}$$

$$\begin{aligned}\boldsymbol{e}_N\big|\left[\left(\boldsymbol{H}\wedge\varepsilon_4\right)\wedge\left(\rho_{\mathrm{m}}\varepsilon_{123}\llcorner\boldsymbol{I}_S\right)\right]&=\boldsymbol{e}_{123}\big|\left[\rho_{\mathrm{m}}\boldsymbol{H}\wedge\left(\varepsilon_{123}\llcorner\boldsymbol{I}_S\right)\right]\\&=\boldsymbol{e}_{123}\big|\left(\rho_{\mathrm{m}}\varepsilon_{123}\boldsymbol{H}\right)=\rho_{\mathrm{m}}\boldsymbol{H}=\rho_{\mathrm{m}}\boldsymbol{H}_{\mathrm{g}}\big|\overline{\overline{\Gamma}}_S\end{aligned} \tag{7.2.11b}$$

式(7.2.10)右边第二项为

$$\begin{aligned}\boldsymbol{e}_N\big|\left\{\boldsymbol{B}\wedge\left[\left(\boldsymbol{J}\wedge\varepsilon_4\right)\llcorner\boldsymbol{I}_S\right]\right\}&=-\boldsymbol{e}_{123}\big|\left[\boldsymbol{B}\wedge\left(\boldsymbol{J}\llcorner\boldsymbol{I}_S\right)\right]=-(\boldsymbol{e}_{123}\boldsymbol{B})\big|\left(\boldsymbol{J}\llcorner\boldsymbol{I}_S\right)\\&=-\boldsymbol{B}_{\mathrm{g}}\big|\left(\boldsymbol{J}\llcorner\boldsymbol{I}_S\right)=-(\boldsymbol{B}_{\mathrm{g}}\times\boldsymbol{J}_{\mathrm{g}})\big|\overline{\overline{\Gamma}}_S=(\boldsymbol{J}_{\mathrm{g}}\times\boldsymbol{B}_{\mathrm{g}})\big|\overline{\overline{\Gamma}}_S\end{aligned} \tag{7.2.11c}$$

$$\boldsymbol{e}_N \rfloor \left\{ \boldsymbol{D} \wedge \left[\left(\boldsymbol{K} \wedge \varepsilon_4 \right) \llcorner \boldsymbol{I}_S \right] \right\} = -\boldsymbol{e}_{123} \rfloor \left[\boldsymbol{D} \wedge \left(\boldsymbol{K} \llcorner \boldsymbol{I}_S \right) \right] = -\left(\boldsymbol{e}_{123} \mid \boldsymbol{D} \right) \rfloor \left(\boldsymbol{K} \llcorner \boldsymbol{I}_S \right)$$
$$= -\boldsymbol{D}_{\mathrm{g}} \rfloor \left(\boldsymbol{K} \llcorner \boldsymbol{I}_S \right) = -(\boldsymbol{D}_{\mathrm{g}} \times \boldsymbol{K}_{\mathrm{g}}) \rfloor \overline{\overline{\varGamma}}_S = (\boldsymbol{K}_{\mathrm{g}} \times \boldsymbol{D}_{\mathrm{g}}) \rfloor \overline{\overline{\varGamma}}_S \tag{7.2.11d}$$

进一步，有

$$-\boldsymbol{e}_N \rfloor \left[\boldsymbol{\varPhi} \wedge \left(\gamma_{\mathrm{e}} \llcorner \boldsymbol{I}_S \right) \right] = \left(-\rho_{\mathrm{e}} \boldsymbol{E}_{\mathrm{g}} + \boldsymbol{J}_{\mathrm{g}} \times \boldsymbol{B}_{\mathrm{g}} \right) \rfloor \overline{\overline{\varGamma}}_S \tag{7.2.12a}$$

$$-\boldsymbol{e}_N \rfloor \left[\boldsymbol{\varPsi} \wedge \left(\gamma_{\mathrm{m}} \llcorner \boldsymbol{I}_S \right) \right] = \left(\rho_{\mathrm{m}} \boldsymbol{H}_{\mathrm{g}} + \boldsymbol{K}_{\mathrm{g}} \times \boldsymbol{D}_{\mathrm{g}} \right) \rfloor \overline{\overline{\varGamma}}_S \tag{7.2.12b}$$

在 Lindell 等的论文中，详细地推导了式(7.2.8)的第一项，导出的公式与本书导出的公式是一致的，即式(7.2.12a)。而对于式(7.2.8)的第二项，并未作详细的推导，而是直接给出

$$-\boldsymbol{e}_N \rfloor \left[\boldsymbol{\varPsi} \wedge \left(\gamma_{\mathrm{m}} \llcorner \boldsymbol{I}_S \right) \right] = \left(-\rho_{\mathrm{m}} \boldsymbol{H}_{\mathrm{g}} - \boldsymbol{K}_{\mathrm{g}} \times \boldsymbol{D}_{\mathrm{g}} \right) \rfloor \overline{\overline{\varGamma}}_S \tag{7.2.12c}$$

式(7.2.12b)是本书导出的，与 Lindell 等的公式(7.2.12c)相差了一个负号。

本书作者认为，式(7.2.8)的第一项和第二项分别对应电性源和磁性源，式(7.2.12a)对应电性源的结果，而磁性源也可通过对偶变换得到。

利用对偶关系

$$\begin{cases} \boldsymbol{E} \to \boldsymbol{H} \\ -\boldsymbol{B} \to \boldsymbol{D} \end{cases}, \quad \begin{cases} \boldsymbol{H} \to \boldsymbol{E} \\ \boldsymbol{J} \to -\boldsymbol{K} \end{cases}, \quad \begin{cases} \boldsymbol{D} \to -\boldsymbol{B} \\ \rho \to -\rho_{\mathrm{m}} \end{cases}$$

代替式(7.2.12a)中各项，仍可以得到式(7.2.12b)。

将式(7.2.12a)和式(7.2.12b)代入式(7.2.8)，广义反应密度 $\boldsymbol{R}^{ab}$ 的空间项为

$$\boldsymbol{R}_{\mathrm{s}}^{ab} = \left(-\rho_{\mathrm{e}} \boldsymbol{E}_{\mathrm{g}} + \rho_{\mathrm{m}} \boldsymbol{H}_{\mathrm{g}} + \boldsymbol{J}_{\mathrm{g}} \times \boldsymbol{B}_{\mathrm{g}} + \boldsymbol{K}_{\mathrm{g}} \times \boldsymbol{D}_{\mathrm{g}} \right) \rfloor \overline{\overline{\varGamma}}_S \tag{7.2.13}$$

广义反应密度空间项 $\boldsymbol{R}_{\mathrm{s}}^{ab}$ 对应的吉布斯矢量为

$$\boldsymbol{R}_{\mathrm{sg}}^{ab}=\boldsymbol{R}_{\mathrm{s}}^{ab}\Big|\overline{\overline{G}}_S=\left(-\rho_{\mathrm{e}}\boldsymbol{E}_{\mathrm{g}}+\rho_{\mathrm{m}}\boldsymbol{H}_{\mathrm{g}}+\boldsymbol{J}_{\mathrm{g}}\times\boldsymbol{B}_{\mathrm{g}}+\boldsymbol{K}_{\mathrm{g}}\times\boldsymbol{D}_{\mathrm{g}}\right)\tag{7.2.14}$$

广义反应密度 $\boldsymbol{R}^{ab}$ 对应的吉布斯矢量为

$$\begin{aligned}\boldsymbol{R}^{ab}=&\left(\boldsymbol{J}_{\mathrm{eg}}^{a}\cdot\boldsymbol{E}_{\mathrm{eg}}^{b}-\boldsymbol{K}_{\mathrm{g}}^{a}\cdot\boldsymbol{H}_{\mathrm{g}}^{b}\right)\varepsilon_4-\rho_{\mathrm{e}}\boldsymbol{E}_{\mathrm{g}}\\&+\rho_{\mathrm{m}}\boldsymbol{H}_{\mathrm{g}}+\boldsymbol{J}_{\mathrm{g}}\times\boldsymbol{B}_{\mathrm{g}}+\boldsymbol{K}_{\mathrm{g}}\times\boldsymbol{D}_{\mathrm{g}}\end{aligned}\tag{7.2.15}$$

式(7.2.15)是本书导出的，在 Lindell 等的文章中，式(7.2.15)写作

$$\begin{aligned}\boldsymbol{R}^{ab}=&\left(\boldsymbol{J}_{\mathrm{eg}}^{a}\cdot\boldsymbol{E}_{\mathrm{eg}}^{b}-\boldsymbol{K}_{\mathrm{g}}^{a}\cdot\boldsymbol{H}_{\mathrm{g}}^{b}\right)\varepsilon_4-\rho_{\mathrm{e}}\boldsymbol{E}_{\mathrm{g}}\\&-\rho_{\mathrm{m}}\boldsymbol{H}_{\mathrm{g}}+\boldsymbol{J}_{\mathrm{g}}\times\boldsymbol{B}_{\mathrm{g}}-\boldsymbol{K}_{\mathrm{g}}\times\boldsymbol{D}_{\mathrm{g}}\end{aligned}\tag{7.2.16}$$

这个结果亦是因为式(7.2.12b)和式(7.2.12c)存在负号偏差。

经过沟通，Lindell 等同意了我们的看法，并发表勘误修正文章中的笔误(Lindell et al., 2020)。

若将式(7.2.14)写成第 6 章读者熟悉的符号体系，则“动量反应”为

$$-\rho_{\mathrm{e}1}\boldsymbol{E}_2+\rho_{\mathrm{m}1}\boldsymbol{H}_2+\boldsymbol{J}_1\times\boldsymbol{B}_2+\boldsymbol{K}_1\times\boldsymbol{D}_2\tag{7.2.17}$$

式(7.2.17)与式(6.1.6a)中的体积分被积函数是一致的，这正是本书导出的动量互易定理的特殊形式。

第 8 章　互易方程的应用

互易定理常常用来研究天线、波导和谐振器，也可以用于电磁成像。本章主要以磁声电成像(magneto-acousto-electrical tomography, MAET)为例予以阐述。

磁声电成像是一种多物理场耦合成像技术，基本原理为：利用环绕在目标体周围的若干个超声换能器，按时间依次向目标体内发射超声窄脉冲，引起目标体内局部的振动速度 $\boldsymbol{v}$ ，在静磁场 $\boldsymbol{B}_0$ 的作用下产生等效电场源 $\boldsymbol{E}' = \boldsymbol{v} \times \boldsymbol{B}_0$, 从而在目标体内产生随超声传播而变化的电流分布。利用一对贴在目标体表面的电极检测电压或者放在目标体外部的线圈检测感应电动势，将电压信号或感应电动势信号作为数据源，通过一定的重建算法可以重建目标体内部的电导率分布，这两种不同的检测成像方法分别称为电极检测式磁声电成像和感应式磁声电成像(刘国强，2016)。

本书重点针对感应式磁声电成像，应用时域互易方程、时域 Feld-Tai 互易方程、动量型互易定理(如准静态电磁场动量互易方程与准静态电磁场角动量互易方程)，建立感应电动势、感应电流、磁场梯度等测量信号与互易场的关系式。

8.1　时域互易方程的应用

感应式磁声电成像，即感应电动势磁声电成像的互易方程已经被导出。Guo 等(2015)从频域互易方程出发，导出了磁声电成像的频域互易方程，之后通过傅里叶反变换得到感应式磁声电成像的时域互易方程，建立起感应电动势 $\varepsilon_1(t)$ 与互易电流密度 $\boldsymbol{J}_2$ 的积分关系式(Guo et al., 2015)。

本节直接利用时域能量互易方程，导出积分关系式。

磁声电成像的实际过程和互易过程如图 8.1.1 所示。

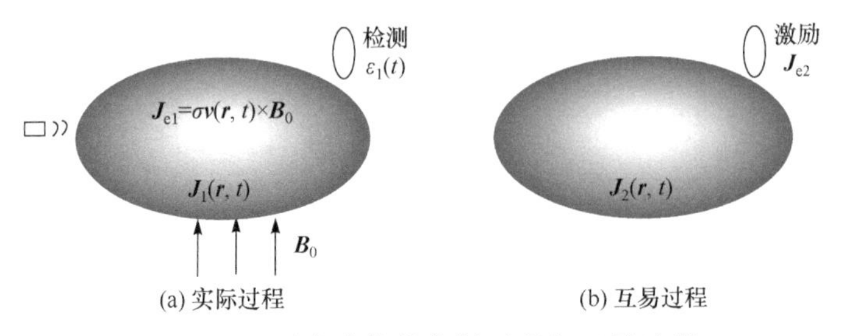

图 8.1.1　磁声成像的实际过程与互易过程

磁声电成像的实际过程和互易过程的激励源满足

$$\boldsymbol{J}_{e1}=\sigma\boldsymbol{v}\times\boldsymbol{B}_0 \tag{8.1.1}$$

$$\boldsymbol{J}_{e2}=I_2\delta\left(\boldsymbol{r}-\boldsymbol{r}_l\right)s(t)\boldsymbol{e}_l \tag{8.1.2}$$

其中，σ 为目标体的电导率；$\boldsymbol{v}$ 为声波的振动速度；I_2 为线圈通入的电流值，通常可以假定为 1A；$s(t)$ 为电流波形。

时域互易方程(3.7.3c)是在无耗介质(无欧姆损耗、无介电损耗、无磁化损耗)中导出的。生物组织的磁导率与空气接近，可以看成无磁化损耗介质，因此在磁声电成像过程中可以忽略位移电流，因为即便存在介电损耗，也不影响公式的使用。生物组织的电导率是存在的，这也正是成像参数，可以证明，若假定介质存在欧姆损耗，仍可以导出式(3.7.3c)。证明过程不复杂，可以用 $\sigma\boldsymbol{v}\times\boldsymbol{B}_0+\sigma\boldsymbol{E}_1$ 代替式(8.1.1)中的 $\sigma\boldsymbol{v}\times\boldsymbol{B}_0$，用 $I_2\delta\left(\boldsymbol{r}-\boldsymbol{r}_l\right)s(t)\boldsymbol{e}_l+\sigma\boldsymbol{E}_2$ 代替式(8.1.2)中的 $I_2\delta\left(\boldsymbol{r}-\boldsymbol{r}_l\right)s(t)\boldsymbol{e}_l$，之后代入时域互易方程中，考虑到 $\sigma\boldsymbol{E}_1\odot\boldsymbol{E}_2=\sigma\boldsymbol{E}_2\odot\boldsymbol{E}_1$，即可消去这一项。也就是说，式(3.7.3c)亦适用于有欧姆损耗介质的情况。

将式(8.1.1)和式(8.1.2)代入时域能量互易定理(3.7.3c)中，有

$$\int_V\sigma(\boldsymbol{v}\times\boldsymbol{B}_0)\odot\boldsymbol{E}_2\mathrm{d}V=\int_V I_2\delta\left(\boldsymbol{r}-\boldsymbol{r}_l\right)[s(t)\boldsymbol{e}_l]\odot\boldsymbol{E}_1\mathrm{d}V \tag{8.1.3}$$

对于低电导率介质，可忽略二次磁场，$\boldsymbol{E}_2$ 的时间项正是源时间项的导数

$$\boldsymbol{E}_2(\boldsymbol{r},t)=\boldsymbol{E}_2(\boldsymbol{r})s'(t) \tag{8.1.4}$$

将式(8.1.4)代入式(8.1.3)，有

$$\int_V \sigma(\boldsymbol{v}\times\boldsymbol{B}_0)\odot[s'(t)\boldsymbol{E}_2(\boldsymbol{r})]\mathrm{d}V=\oint_l I_2[s(t)\mathrm{d}\boldsymbol{l}]\odot\boldsymbol{E}_1 \tag{8.1.5}$$

式(8.1.5)中

$$\begin{aligned}\sigma(\boldsymbol{v}\times\boldsymbol{B}_0)\odot[s'(t)\boldsymbol{E}_2(\boldsymbol{r})]&=\left[(\sigma\boldsymbol{v}\times\boldsymbol{B}_0)\cdot\boldsymbol{E}_2(\boldsymbol{r})\right]\circ s'(t)\\&=\left[(\sigma\boldsymbol{v}'\times\boldsymbol{B}_0)\cdot\boldsymbol{E}_2(\boldsymbol{r})\right]\circ s(t)\end{aligned}$$

$$[s(t)\mathrm{d}\boldsymbol{l}]\odot\boldsymbol{E}_1=(\mathrm{d}\boldsymbol{l}\cdot\boldsymbol{E}_1)\circ s(t)$$

于是式(8.1.5)可化为

$$\int_V\left[\sigma(\boldsymbol{v}'\times\boldsymbol{B}_0)\cdot\boldsymbol{E}_2(\boldsymbol{r})\right]\mathrm{d}V\circ s(t)=\oint_l I_2(\mathrm{d}\boldsymbol{l}\cdot\boldsymbol{E}_1)\circ s(t)=\varepsilon_1(t)I_2\circ s(t) \tag{8.1.6}$$

或

$$\int_V \sigma(\boldsymbol{v}'\times\boldsymbol{B}_0)\cdot\boldsymbol{E}_2(\boldsymbol{r})\mathrm{d}V=\varepsilon_1(t)I_2 \tag{8.1.7}$$

亦即

$$\int_V (\boldsymbol{v}'\times\boldsymbol{B}_0)\cdot\boldsymbol{J}_2(\boldsymbol{r})\mathrm{d}V=\varepsilon_1(t)I_2 \tag{8.1.8}$$

式(8.1.8)描述的就是实际测量的感应电动势$\varepsilon_1(t)$与互易电流密度分布$\boldsymbol{J}_2(\boldsymbol{r})$的积分关系式。从式(8.1.8)还可以看出，在$\boldsymbol{v}$、$\boldsymbol{B}_0$和$I_2$大小一定的情况下，利用检测到的感应电动势信号$\varepsilon_1(t)$，可重建得到互易电流密度$\boldsymbol{J}_2(\boldsymbol{r})$的分布。

8.2　时域 Feld-Tai 互易方程的应用

本节利用时域 Feld-Tai 互易方程，通过检测电流信号来实现磁声电成像。下面建立电流$I_1(t)$与互易电流密度$\boldsymbol{J}_2$的积分关系式。

磁声电成像的实际过程和互易过程如图 8.2.1 所示。

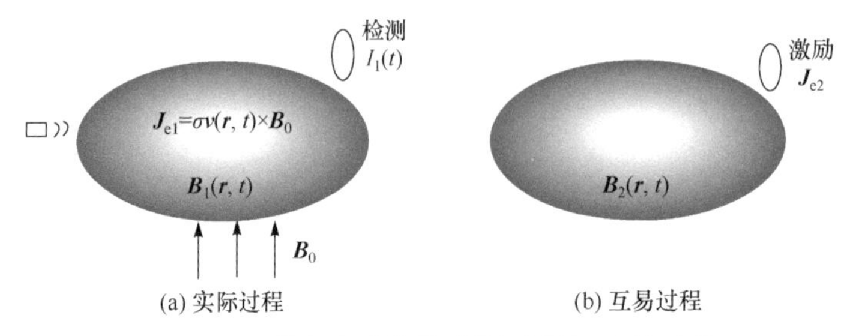

图 8.2.1　磁声电成像的实际过程与互易过程

对于低电导率弱损耗介质，近似为无欧姆损耗介质是合理的，因此时域 Feld-Tai 互易方程(3.7.3d)是适用的。如式(8.1.1)所示，由于电导率出现在源项中，弱欧姆损耗假定不影响电导率参数图像重建。

对于弱电导率介质，$\boldsymbol{B}_2(\boldsymbol{r},t)$的时间项与激励源$\boldsymbol{J}_2$的时间项的导数一致，有

$$\boldsymbol{B}_2(\boldsymbol{r},t)=\boldsymbol{B}_2(\boldsymbol{r})s'(t) \tag{8.2.1}$$

将式(8.1.1)和式(8.1.2)代入时域 Feld-Tai 互易方程(3.7.3d)中，有

$$\int_V \sigma \boldsymbol{v}\times\boldsymbol{B}_0 \odot \boldsymbol{B}_2 \mathrm{d}V=\int_V I_2\delta(\boldsymbol{r}-\boldsymbol{r}_l)[s(t)\boldsymbol{e}_l]\odot\boldsymbol{B}_1\mathrm{d}V \tag{8.2.2}$$

将式(8.2.2)代入式(8.2.1)中有

$$\int_V \sigma(\boldsymbol{v}\times\boldsymbol{B}_0)\odot[s'(t)\boldsymbol{B}_2(\boldsymbol{r})]\mathrm{d}V=\oint_l I_2[s(t)\mathrm{d}\boldsymbol{l}]\odot\boldsymbol{B}_1 \tag{8.2.3}$$

式(8.2.3)中

$$\sigma(\boldsymbol{v}\times\boldsymbol{B}_0)\odot[s'(t)\boldsymbol{B}_2(\boldsymbol{r})]=[\sigma(\boldsymbol{v}'\times\boldsymbol{B}_0)\cdot\boldsymbol{B}_2(\boldsymbol{r})]\circ s(t)$$

$$[s(t)\mathrm{d}\boldsymbol{l}]\odot\boldsymbol{B}_1=(\mathrm{d}\boldsymbol{l}\cdot\boldsymbol{B}_1)\circ s(t)$$

于是式(8.2.3)可化为

$$\int_V[\sigma(\boldsymbol{v}'\times\boldsymbol{B}_0)\cdot\boldsymbol{B}_2(\boldsymbol{r})]\mathrm{d}V\circ s(t)=\oint_l I_2(\mathrm{d}\boldsymbol{l}\cdot\boldsymbol{B}_1)\circ s(t)=\mu I_1(t)I_2\circ s(t) \tag{8.2.4}$$

生物组织与空气磁导率近似，可看成均匀磁介质，因此式(8.2.4)

可化为

$$\int_V \sigma\left(\boldsymbol{v}'\times\boldsymbol{B}_0\right)\cdot\boldsymbol{H}_2(\boldsymbol{r})\mathrm{d}V\circ s(t)=I_1(t)I_2\circ s(t) \tag{8.2.5}$$

或

$$\int_V \sigma\left(\boldsymbol{v}'\times\boldsymbol{B}_0\right)\cdot\boldsymbol{H}_2(\boldsymbol{r})\mathrm{d}V=I_1(t)I_2 \tag{8.2.6}$$

式(8.2.6)描述的就是实际测量的感应电流 $I_1(t)$ 与互易磁场强度分布 $\boldsymbol{H}_2(\boldsymbol{r})$ 的积分关系式。从该积分式中可以看出，在 $\boldsymbol{v}$ 、$\boldsymbol{B}_0$ 和 I_2 大小一定的情况下，利用检测到的感应电流信号 $I_1(t)$ ，可重建得到互易磁场强度 $\boldsymbol{H}_2(\boldsymbol{r})$ 的分布。

8.3　准静态电磁场动量互易方程的应用

本节利用准静态电磁场动量互易方程，通过检测磁场梯度来实现磁声电成像。下面建立电流 $I_1(t)$ 与互易磁场梯度的积分关系式。

磁声电成像的实际过程和互易过程如图 8.3.1 所示。

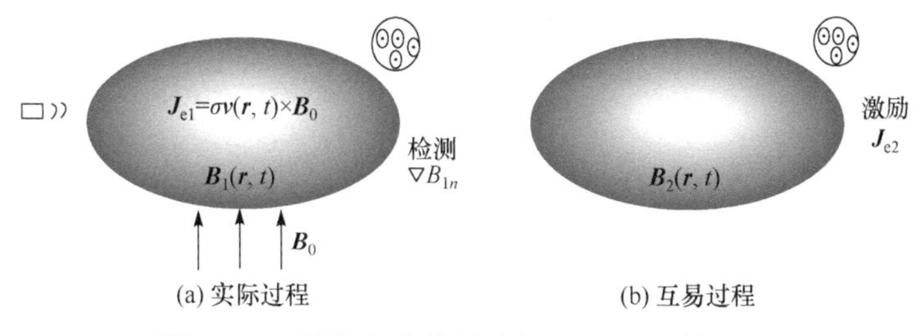

图 8.3.1　磁声电成像的实际过程和互易过程

磁场梯度测量传感器如图 8.3.2 所示，包含四个平行的线圈，记为 O 线圈，t_1 线圈、t_2 线圈和 n 线圈，其法向方向为 $\boldsymbol{e}_n$，在与 $\boldsymbol{e}_n$ 垂直平面内任取两个相互垂直的方向 $\boldsymbol{e}_{t_1}$ 和 $\boldsymbol{e}_{t_2}$，三个正交方向组成直角坐标系。

磁声电成像的互易过程的激励源满足

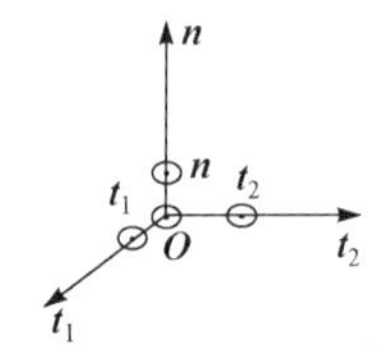

图 8.3.2　磁场梯度测量传感器

$$\boldsymbol{J}_{\mathrm{e}2}=I_2\delta\left(\boldsymbol{r}-\boldsymbol{r}_{l_i}\right)s(t)\sum_{i=t_1,t_2,n,O}\boldsymbol{e}_{l_i} \tag{8.3.1}$$

设四个平行线圈均通入I_2安培直流时的总磁矩为

$$\boldsymbol{m}_2=\sum_{i=t_1,t_2,n,O}\boldsymbol{m}_2^i=m_2\sum_{i=t_1,t_2,n,O}\boldsymbol{e}_n=I_2S\sum_{i=t_1,t_2,n,O}\boldsymbol{e}_n \tag{8.3.2}$$

在互易过程中，四个平行线圈激励的磁感应强度的空间项为$\boldsymbol{B}_2(\boldsymbol{r})$。

参考 8.2 节，将弱损耗介质近似为无损耗介质。

将式(8.1.1)和式(8.3.2)代入准静态电磁场动量互易方程(4.8.12a)中，有

$$\begin{aligned}&\int_V\sigma(\boldsymbol{v}\times\boldsymbol{B}_0)\otimes\boldsymbol{B}_2(\boldsymbol{r},t)\mathrm{d}V\\&=-\int_V I_2\delta\left(\boldsymbol{r}-\boldsymbol{r}_{l_i}\right)\left[s(t)\sum_{i=t_1,t_2,n,O}\boldsymbol{e}_{l_i}\right]\otimes\boldsymbol{B}_1\mathrm{d}V\end{aligned} \tag{8.3.3}$$

将式(8.2.1)代入式(8.3.3)，并利用δ函数的挑选性，有

$$\int_V\sigma\left(\boldsymbol{v}\times\boldsymbol{B}_0\right)\otimes\left[s'(t)\boldsymbol{B}_2(\boldsymbol{r})\right]\mathrm{d}V=-\sum_{i=t_1,t_2,n,O}\oint_{l_i}I_2[s(t)\mathrm{d}\boldsymbol{l}_i]\otimes\boldsymbol{B}_1 \tag{8.3.4}$$

式(8.3.4)中

$$\sigma\left(\boldsymbol{v}\times\boldsymbol{B}_0\right)\otimes\left[s'(t)\boldsymbol{B}_2(\boldsymbol{r})\right]=\left[\sigma\left(\boldsymbol{v}'\times\boldsymbol{B}_0\right)\times\boldsymbol{B}_2(\boldsymbol{r})\right]\circ s(t)$$

$$[s(t)\mathrm{d}\boldsymbol{l}_i]\otimes\boldsymbol{B}_1=(\mathrm{d}\boldsymbol{l}_i\times\boldsymbol{B}_1)\circ s(t)$$

则式(8.3.4)可化为

$$\int_V \left[\sigma(\boldsymbol{v}'\times\boldsymbol{B}_0)\times\boldsymbol{B}_2(\boldsymbol{r})\right]\mathrm{d}V = -\sum_{i=t_1,t_2,n,O}\oint_{l_i} I_2(\mathrm{d}\boldsymbol{l}_i\times\boldsymbol{B}_1) \tag{8.3.5}$$

式(8.3.5)中的线积分为

$$\oint_{l_i} I_2\mathrm{d}\boldsymbol{l}_i\times\boldsymbol{B}_1 = \left(I_2\oint_{S_i}\mathrm{d}\boldsymbol{S}_i\times\nabla\right)\times\boldsymbol{B}_1 = -(\boldsymbol{m}_2^i\times\nabla)\times\boldsymbol{B}_1 \tag{8.3.6}$$

矢量恒等式

$$\nabla\left(\boldsymbol{A}\cdot\boldsymbol{B}\right) = \left(\boldsymbol{A}\times\nabla\right)\times\boldsymbol{B} + \boldsymbol{B}\times\left(\nabla\times\boldsymbol{A}\right) + \boldsymbol{A}\nabla\cdot\boldsymbol{B} + \boldsymbol{B}\cdot\nabla\boldsymbol{A} \tag{8.3.7}$$

将 $\boldsymbol{m}_2^i$ 和 $\boldsymbol{B}_1$ 代入式(8.3.7)，考虑到 $\boldsymbol{m}_2^i$ 为常矢量，$\nabla\cdot\boldsymbol{B}_1=0$，有

$$\begin{aligned}\nabla\left(\boldsymbol{m}_2^i\cdot\boldsymbol{B}_1\right) &= \left(\boldsymbol{m}_2^i\times\nabla\right)\times\boldsymbol{B}_1 + \boldsymbol{m}_2^i\left(\nabla\cdot\boldsymbol{B}_1\right) + \boldsymbol{B}_1\times\left(\nabla\times\boldsymbol{m}_2^i\right) + \boldsymbol{B}_1\cdot\nabla\boldsymbol{m}_2^i \\ &= \left(\boldsymbol{m}_2^i\times\nabla\right)\times\boldsymbol{B}_1\end{aligned} \tag{8.3.8}$$

将式(8.3.8)代入式(8.3.6)，有

$$\oint_{l_i} I_2\mathrm{d}\boldsymbol{l}_i\times\boldsymbol{B}_1 = \left(I_2\oint_{S_i}\mathrm{d}\boldsymbol{S}_i\times\nabla\right)\times\boldsymbol{B}_1 = -\nabla\left(\boldsymbol{m}_2^i\cdot\boldsymbol{B}_1\right) \tag{8.3.9}$$

将式(8.3.9)代入式(8.3.5)，有

$$\begin{aligned}&\int_V \sigma\left(\boldsymbol{v}'\times\boldsymbol{B}_0\right)\times\boldsymbol{B}_2(\boldsymbol{r})\mathrm{d}V = \nabla\left(\boldsymbol{m}_2\cdot\boldsymbol{B}_1\right) \\ &= m_2\nabla B_{1n} = m_2\sum_{j=t_1,t_2,n}\frac{\partial B_{1n}}{\partial j}\boldsymbol{e}_j\end{aligned} \tag{8.3.10}$$

式(8.3.10)中，B_{1n} 为 $\boldsymbol{B}_1$ 在 $\boldsymbol{e}_n$ 方向的分量。

式(8.3.10)给出了磁场梯度 ∇B_{1n} 测量信号与 $\boldsymbol{B}_2(\boldsymbol{r})$ 的积分关系式。磁场梯度 ∇B_{1n} 可利用 O 线圈和 i 线圈组合，通过电子通量计测得其各分量 $\dfrac{\partial B_{1n}}{\partial j}(j=t_1,t_2,n)$。

实际上只要 O 线圈和 i 线圈中任意一个组合进行测量，都可以建立积分关系，这里 $i=t_1,t_2,n$。

假定 $\boldsymbol{B}_0$ 只有 z 分量，在直角坐标系下展开式(8.3.10)，有

$$\int_V \sigma \frac{\partial v_x}{\partial t} B_0 B_{2z}^{iO} \boldsymbol{e}_x \mathrm{d}V + \int_V \sigma \frac{\partial v_y}{\partial t} B_0 B_{2z}^{iO} \boldsymbol{e}_y \mathrm{d}V - \int_V \sigma B_0 \left(\frac{\partial v_x}{\partial t} B_{2x}^{iO} + \frac{\partial v_y}{\partial t} B_{2y}^{iO} \right) \boldsymbol{e}_z \mathrm{d}V = -m_2 \sum_{j=t_1,t_2,n} \frac{\partial B_{1n}}{\partial j} \boldsymbol{e}_j \tag{8.3.11}$$

式中，$B_{2x}^{iO}, B_{2y}^{iO}, B_{2z}^{iO}$ 分别为 O 线圈和 i 线圈激励时产生的磁感应强度三个分量的空间项，此时 m_2 为 O 和 i 两个平行线圈均通入 I_2 安培直流时的总磁矩。

若取 $t_1 = x, t_2 = y, n = z$，即令测量传感器坐标与大地坐标一致，取出式(8.3.11)中的各分量，有

$$\int_V \sigma \frac{\partial v_x}{\partial t} B_0 B_{2z}^{iO} \mathrm{d}V = -m_2 \frac{\partial B_{1z}}{\partial x} \tag{8.3.12a}$$

$$\int_V \sigma \frac{\partial v_y}{\partial t} B_0 B_{2z}^{iO} \mathrm{d}V = -m_2 \frac{\partial B_{1z}}{\partial y} \tag{8.3.12b}$$

$$\int_V \sigma B_0 \left(\frac{\partial v_x}{\partial t} B_{2x}^{iO} + \frac{\partial v_y}{\partial t} B_{2y}^{iO} \right) \mathrm{d}V = m_2 \frac{\partial B_{1z}}{\partial z} \tag{8.3.12c}$$

式(8.3.12a)建立了测量信号 $\frac{\partial B_{1z}}{\partial x}$ 与 B_{2z}^{iO} 的积分关系，$\frac{\partial B_{1z}}{\partial x}$ 可利用 O 线圈和 t_1 线圈组合测得。

式(8.3.12b)建立了测量信号 $\frac{\partial B_{1z}}{\partial y}$ 与 B_{2z}^{iO} 的积分关系，$\frac{\partial B_{1z}}{\partial y}$ 可利用 O 线圈和 t_2 线圈组合测得。

式(8.3.12c)建立了测量信号 $\frac{\partial B_{1z}}{\partial z}$ 与 B_{2x}^{iO}、B_{2y}^{iO} 的积分关系，$\frac{\partial B_{1z}}{\partial z}$ 可利用 O 线圈和 n 线圈组合测得。

式(8.3.12)描述的就是实际测量的磁场梯度 $\frac{\partial B_{1x}}{\partial x}$、$\frac{\partial B_{1y}}{\partial y}$、$\frac{\partial B_{1z}}{\partial z}$ 信号与互易磁感应强度的积分关系式。从积分式中可以看出，在 $\boldsymbol{v}$、$\boldsymbol{B}_0$ 和 $\boldsymbol{m}_2$ 一定的情况下，利用检测到的磁场梯度信号，可重建得到互易磁感应强度的分布，进一步实现磁声电成像。

8.4　准静态电磁场角动量互易方程的应用

本节利用准静态电磁场角动量互易方程，通过检测磁感应强度来实现磁声电成像。下面建立磁感应强度信号 $\boldsymbol{B}_1$ 与互易磁感应强度分布 $\boldsymbol{B}_2(\boldsymbol{r})$ 的积分关系式。

磁声电成像的实际过程和互易过程如图 8.4.1 所示。

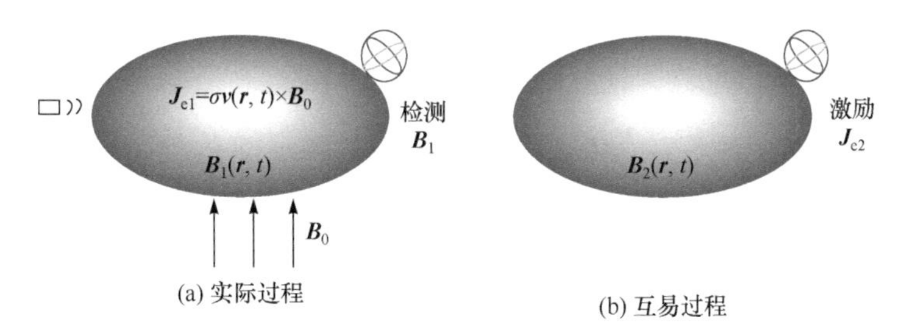

图 8.4.1　磁声电成像的实际过程和互易过程

磁场测量传感器如图 8.4.2 所示，包含三个正交的线圈，分别记为 t_1 线圈、t_2 线圈和 n 线圈。$\boldsymbol{e}_{t_1}$、$\boldsymbol{e}_{t_2}$ 与 $\boldsymbol{e}_n$ 三个正交方向组成直角坐标系。

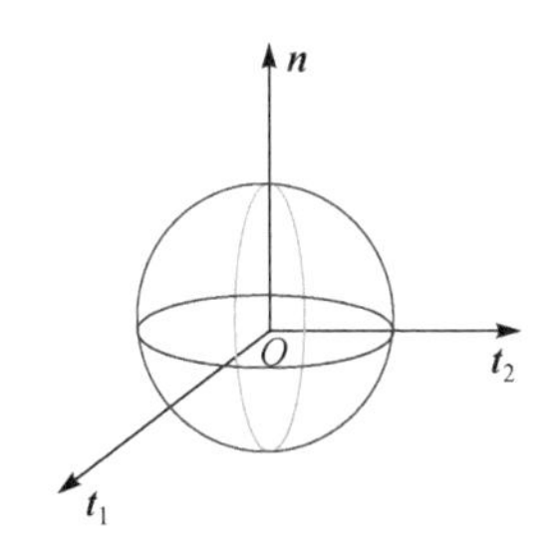

图 8.4.2　磁场测量传感器

磁声电成像的互易过程的激励源满足

$$\boldsymbol{J}_{e2}=I_2\delta\left(\boldsymbol{r}-\boldsymbol{r}_{l_i}\right)s(t)\sum_{i=t_1,t_2,n}\boldsymbol{e}_{l_i} \tag{8.4.1}$$

设三个正交线圈均通入幅值为 I_2 安培直流时的磁矩为

$$\boldsymbol{m}_2=\sum_{i=t_1,t_2,n}\boldsymbol{m}_2^i=m_2\sum_{i=t_1,t_2,n}\boldsymbol{e}_i=I_2S\sum_{i=t_1,t_2,n}\boldsymbol{e}_i \tag{8.4.2}$$

在互易过程中，正交线圈激励的磁感应强度的空间项为$\boldsymbol{B}_2(\boldsymbol{r})$。

参考 8.2 节，将弱损耗介质近似为无损耗介质。

将式(8.1.1)和式(8.4.1)代入准静态电磁场角动量互易方程(4.8.12c)中，有

$$\begin{aligned}&\int_V\boldsymbol{r}\times[(\sigma\boldsymbol{v}\times\boldsymbol{B}_0)\otimes\boldsymbol{B}_2(\boldsymbol{r},t)]\mathrm{d}V\\&=-\int_V\boldsymbol{r}\times\left\{I_2\delta\left(\boldsymbol{r}-\boldsymbol{r}_{l_i}\right)\left[s(t)\sum_{i=t_1,t_2,n}\boldsymbol{e}_{l_i}\right]\otimes\boldsymbol{B}_1\right\}\mathrm{d}V\end{aligned}\tag{8.4.3}$$

将式(8.2.1)代入式(8.4.3)，并利用δ函数的挑选性，有

$$\begin{aligned}&\int_V\boldsymbol{r}\times\left\{\sigma\left(\boldsymbol{v}\times\boldsymbol{B}_0\right)\otimes\left[s'(t)\boldsymbol{B}_2(\boldsymbol{r})\right]\right\}\mathrm{d}V\\&=-\sum_{i=t_1,t_2,n}\oint_{l_i}I_2\boldsymbol{r}\times\left\{\left[s(t)\mathrm{d}\boldsymbol{l}_i\right]\otimes\boldsymbol{B}_1\right\}\end{aligned}\tag{8.4.4}$$

式(8.4.4)中

$$\boldsymbol{r}\times\left\{\sigma\left(\boldsymbol{v}\times\boldsymbol{B}_0\right)\otimes\left[s'(t)\boldsymbol{B}_2(\boldsymbol{r})\right]\right\}=\boldsymbol{r}\times\left[\sigma\left(\boldsymbol{v}'\times\boldsymbol{B}_0\right)\times\boldsymbol{B}_2(\boldsymbol{r})\right]\circ s(t)$$

$$\boldsymbol{r}\times\{[s(t)\mathrm{d}\boldsymbol{l}_i]\otimes\boldsymbol{B}_1\}=\boldsymbol{r}\times(\mathrm{d}\boldsymbol{l}_i\times\boldsymbol{B}_1)\circ s(t)$$

式(8.4.4)可化为

$$\int_V\boldsymbol{r}\times[\sigma(\boldsymbol{v}'\times\boldsymbol{B}_0)\times\boldsymbol{B}_2(\boldsymbol{r})]\mathrm{d}V=-\sum_{i=t_1,t_2,n}\oint_{l_i}\boldsymbol{r}\times(I_2\mathrm{d}\boldsymbol{l}_i\times\boldsymbol{B}_1) \tag{8.4.5}$$

根据矢量恒等式，

$$\boldsymbol{A}\times\left(\boldsymbol{B}\times\boldsymbol{C}\right)=\boldsymbol{B}\left(\boldsymbol{A}\cdot\boldsymbol{C}\right)-\boldsymbol{C}\left(\boldsymbol{A}\cdot\boldsymbol{B}\right)$$

有

$$\boldsymbol{r}\times(I_2\mathrm{d}\boldsymbol{l}_i\times\boldsymbol{B}_1)=I_2\mathrm{d}\boldsymbol{l}_i(\boldsymbol{B}_1\cdot\boldsymbol{r})-\boldsymbol{B}_1I_2(\boldsymbol{r}\cdot\mathrm{d}\boldsymbol{l}_i)$$

假定检测线圈占据的区域很小，认为 $\boldsymbol{B}_1$ 在线圈面上是常矢量，则

$$\begin{aligned}\oint_{l_i} \boldsymbol{r}\times(I_2 \mathrm{d}\boldsymbol{l}_i \times \boldsymbol{B}_1) &= I_2 \oint_{l_i} (\boldsymbol{B}_1 \cdot \boldsymbol{r}) \mathrm{d}\boldsymbol{l}_i - I_2 \boldsymbol{B}_1 \oint_{l_i} \boldsymbol{r} \cdot \mathrm{d}\boldsymbol{l}_i \\ &= I_2 \int_{S_i} \mathrm{d}S\boldsymbol{e}_i \times \nabla(\boldsymbol{B}_1 \cdot \boldsymbol{r}) - I_2 \boldsymbol{B}_1 \int_{S_i} (\nabla \times \boldsymbol{r}) \cdot \mathrm{d}S\boldsymbol{e}_i \\ &= \boldsymbol{m}_2^i \times \boldsymbol{B}_1\end{aligned} \tag{8.4.6}$$

将式(8.4.6)代入式(8.4.5)，有

$$\int_V \boldsymbol{r} \times \left[\sigma(\boldsymbol{v}' \times \boldsymbol{B}_0) \times \boldsymbol{B}_2(\boldsymbol{r})\right] \mathrm{d}V = -\boldsymbol{m}_2 \times \boldsymbol{B}_1 \tag{8.4.7}$$

利用三个正交线圈，通过电子通量计，测得 $\boldsymbol{B}_1$。式(8.4.7)描述的就是实际测量的磁感应强度 $\boldsymbol{B}_1$ 与互易磁感应强度分布 $\boldsymbol{B}_2(\boldsymbol{r})$ 的积分关系式。从该积分式中可以看出，在 $\boldsymbol{v}$、$\boldsymbol{B}_0$ 和 $\boldsymbol{m}_2$ 大小一定的情况下，利用检测到的磁感应强度信号 $\boldsymbol{B}_1$，可重建得到互易磁感应强度 $\boldsymbol{B}_2(\boldsymbol{r})$ 的分布。

附录A　卷积运算

设标量 a，b 和矢量 $\boldsymbol{A}$、$\boldsymbol{B}$ 均是时间、空间的函数，$s(t)$ 是时间的函数。

a 和 b，a 和 $\boldsymbol{B}$，$\boldsymbol{A}$ 和 $\boldsymbol{B}$ 关于时间作卷积运算的同时，还作如下空间运算：

(1) $\boldsymbol{A}$ 和 $\boldsymbol{B}$ 作点积运算，定义该运算为“点卷积”(或“卷点积”)，记运算符号为⊙，即

$$\boldsymbol{A} \odot \boldsymbol{B} = \int_{\tau} \boldsymbol{A}(\boldsymbol{r},\tau)\cdot \boldsymbol{B}(\boldsymbol{r},t-\tau)\mathrm{d}\tau \tag{A1}$$

(2) $\boldsymbol{A}$ 和 $\boldsymbol{B}$ 作叉积运算，定义该运算为“叉卷积”(或“卷叉积”)，记运算符号为⊗，即

$$\boldsymbol{A} \otimes \boldsymbol{B} = \int_{\tau} \boldsymbol{A}(\boldsymbol{r},\tau)\times \boldsymbol{B}(\boldsymbol{r},t-\tau)\mathrm{d}\tau \tag{A2}$$

(3) $\boldsymbol{A}$ 和 $\boldsymbol{B}$ 作并矢运算，定义该运算为“并卷积”(或“卷积并”)，记运算符号为◎，即

$$\boldsymbol{A} \circledcirc \boldsymbol{B} = \int_{\tau} \boldsymbol{A}(\boldsymbol{r},\tau)\boldsymbol{B}(\boldsymbol{r},t-\tau)\mathrm{d}\tau \tag{A3}$$

(4) a 和 b 或 a 和 $\boldsymbol{B}$ 作乘积运算，定义该运算为“乘卷积”(或“卷积乘”)，仍记运算符号为◎，即

$$a \circledcirc b = \int_{\tau} a(\boldsymbol{r},\tau)b(\boldsymbol{r},t-\tau)\mathrm{d}\tau \tag{A4}$$

$$a \circledcirc \boldsymbol{B} = \int_{\tau} a(\boldsymbol{r},\tau)\boldsymbol{B}(\boldsymbol{r},t-\tau)\mathrm{d}\tau \tag{A5}$$

(5) $\boldsymbol{A}$ 和 $s(t)$ 作卷积运算，运算符号为∘，即

$$s(t)\circ \boldsymbol{A} = \int_{\tau} s(\tau)\boldsymbol{A}(\boldsymbol{r},t-\tau)\mathrm{d}\tau \tag{A6}$$

附录 B　互相关运算

设标量 a 和矢量 $\boldsymbol{A}$、$\boldsymbol{B}$ 均是时间、空间的函数。

a 和 $\boldsymbol{B}$，$\boldsymbol{A}$ 和 $\boldsymbol{B}$ 关于时间作互相关运算的同时，还作如下空间运算：

(1) $\boldsymbol{A}$ 和 $\boldsymbol{B}$ 作点积运算，定义该运算为“点相关”(或“相关点积”)，有

$$R[\boldsymbol{A}\cdot\boldsymbol{B}]=\int_{\tau}\boldsymbol{A}(\boldsymbol{r},\tau)\cdot\boldsymbol{B}(\boldsymbol{r},\tau-t)\mathrm{d}\tau=\int_{\tau}\boldsymbol{A}(\boldsymbol{r},\tau+t)\cdot\boldsymbol{B}(\boldsymbol{r},\tau)\mathrm{d}\tau \tag{B1}$$

(2) $\boldsymbol{A}$ 和 $\boldsymbol{B}$ 作叉积运算，定义该运算为“叉相关”(或“相关叉积”)，有

$$R[\boldsymbol{A}\times\boldsymbol{B}]=\int_{\tau}\boldsymbol{A}(\boldsymbol{r},\tau)\times\boldsymbol{B}(\boldsymbol{r},\tau-t)\mathrm{d}\tau=\int_{\tau}\boldsymbol{A}(\boldsymbol{r},\tau+t)\times\boldsymbol{B}(\boldsymbol{r},\tau)\mathrm{d}\tau \tag{B2}$$

(3) $\boldsymbol{A}$ 和 $\boldsymbol{B}$ 作并矢运算，定义该运算为“并相关”(或“相关并”)，有

$$R[\boldsymbol{A}\boldsymbol{B}]=\int_{\tau}\boldsymbol{A}(\boldsymbol{r},\tau)\boldsymbol{B}(\boldsymbol{r},\tau-t)\mathrm{d}\tau=\int_{\tau}\boldsymbol{A}(\boldsymbol{r},\tau+t)\boldsymbol{B}(\boldsymbol{r},\tau)\mathrm{d}\tau \tag{B3}$$

(4) a 和 $\boldsymbol{B}$ 作乘积运算，定义该运算为“乘相关”(或“相关乘”)，有

$$R[a\boldsymbol{B}]=\int_{\tau}a(\boldsymbol{r},\tau)\boldsymbol{B}(\boldsymbol{r},\tau-t)\mathrm{d}\tau=\int_{\tau}a(\boldsymbol{r},\tau+t)\boldsymbol{B}(\boldsymbol{r},\tau)\mathrm{d}\tau \tag{B4}$$

附录 C　微分恒等式

设 $\boldsymbol{A}$、$\boldsymbol{B}$ 为矢量函数，φ 为标量函数，$\boldsymbol{I}$ 为单位并矢，则有

$$\nabla\left(\boldsymbol{A}\cdot\boldsymbol{B}\right)=\boldsymbol{A}\times\left(\nabla\times\boldsymbol{B}\right)+\boldsymbol{B}\times\left(\nabla\times\boldsymbol{A}\right)+\left(\boldsymbol{B}\cdot\nabla\right)\boldsymbol{A}+\left(\boldsymbol{A}\cdot\nabla\right)\boldsymbol{B} \tag{C1}$$

$$\nabla\cdot\left(\boldsymbol{AB}\right)=\left(\nabla\cdot\boldsymbol{A}\right)\boldsymbol{B}+\left(\boldsymbol{A}\cdot\nabla\right)\boldsymbol{B} \tag{C2}$$

$$\nabla\varphi=\nabla\cdot\left(\varphi\boldsymbol{I}\right) \tag{C3}$$

$$\begin{aligned}\nabla\cdot\left(\boldsymbol{A}\cdot\boldsymbol{BI}-\boldsymbol{AB}-\boldsymbol{BA}\right)=&\boldsymbol{A}\times\left(\nabla\times\boldsymbol{B}\right)+\boldsymbol{B}\times\left(\nabla\times\boldsymbol{A}\right)\\&-\left(\nabla\cdot\boldsymbol{A}\right)\boldsymbol{B}-\left(\nabla\cdot\boldsymbol{B}\right)\boldsymbol{A}\end{aligned} \tag{C4}$$

证明：互换式(C2)中的 $\boldsymbol{A}$ 和 $\boldsymbol{B}$，有

$$\nabla\cdot\left(\boldsymbol{BA}\right)=\left(\nabla\cdot\boldsymbol{B}\right)\boldsymbol{A}+\left(\boldsymbol{B}\cdot\nabla\right)\boldsymbol{A} \tag{C5}$$

用 $\boldsymbol{A}\cdot\boldsymbol{B}$ 代替式(C3)中的 φ，有

$$\nabla\left(\boldsymbol{A}\cdot\boldsymbol{B}\right)=\nabla\cdot\left(\boldsymbol{A}\cdot\boldsymbol{BI}\right) \tag{C6}$$

由式(C2)、式(C5)和式(C6)，可以导出式(C4)。

对式(C4)各项作卷积运算，有

$$\begin{aligned}&\nabla\cdot\left(\boldsymbol{A}\odot\boldsymbol{BI}-\boldsymbol{A}\circledcirc\boldsymbol{B}-\boldsymbol{B}\circledcirc\boldsymbol{A}\right)\\&=\boldsymbol{A}\otimes\left(\nabla\times\boldsymbol{B}\right)+\boldsymbol{B}\otimes\left(\nabla\times\boldsymbol{A}\right)-\left(\nabla\cdot\boldsymbol{A}\right)\circledcirc\boldsymbol{B}-\left(\nabla\cdot\boldsymbol{B}\right)\circledcirc\boldsymbol{A}\end{aligned} \tag{C7}$$

矢量恒等式

$$\nabla\cdot\left(\boldsymbol{A}\times\boldsymbol{B}\right)=\boldsymbol{B}\cdot\left(\nabla\times\boldsymbol{A}\right)-\boldsymbol{A}\cdot\left(\nabla\times\boldsymbol{B}\right) \tag{C8}$$

若 $\boldsymbol{A}$ 和 $\boldsymbol{B}$ 作叉卷积，$\nabla\times\boldsymbol{A}$ 和 $\boldsymbol{B}$，$\nabla\times\boldsymbol{B}$ 和 $\boldsymbol{A}$ 作点卷积，式(C8)可写为

$$\nabla \cdot (\boldsymbol{A} \otimes \boldsymbol{B}) = (\nabla \times \boldsymbol{A}) \odot \boldsymbol{B} - (\nabla \times \boldsymbol{B}) \odot \boldsymbol{A} \tag{C9}$$

若为 $\boldsymbol{r}$ 位置矢量，有

$$-\boldsymbol{r} \times \nabla \cdot (\varphi \boldsymbol{A}\boldsymbol{B}) = \nabla \cdot (\varphi \boldsymbol{A}\boldsymbol{B} \times \boldsymbol{r}) + \varphi \boldsymbol{A} \times \boldsymbol{B} \tag{C10}$$

附录 D　合成场运算

考虑复标量 u，u_1 和 u_2，以及两个矢量 $\boldsymbol{A}$，$\boldsymbol{A}_1$ 和 $\boldsymbol{A}_2$，复矢量 $\boldsymbol{C}^*$，$\boldsymbol{C}_1^*$ 和 $\boldsymbol{C}_2^*$ 分别为 $\boldsymbol{C}$，$\boldsymbol{C}_1$ 和 $\boldsymbol{C}_2$ 的复共轭，满足 $u = u_1 + u_2$，$\boldsymbol{A} = \boldsymbol{A}_1 + \boldsymbol{A}_2$，$\boldsymbol{C}^* = \boldsymbol{C}_1^* + \boldsymbol{C}_2^*$，$u$ 和 $\boldsymbol{C}^*$ 作乘积运算，$\boldsymbol{A}$ 和 $\boldsymbol{C}^*$ 作点积、叉积，或组成并矢运算，若记运算符号为□，则有

$$\boldsymbol{A}\square\boldsymbol{C}^* = (\boldsymbol{A}_1 + \boldsymbol{A}_2)\square(\boldsymbol{C}_1^* + \boldsymbol{C}_2^*) = \sum_{i=1}^{2}\sum_{j=1}^{2}\boldsymbol{A}_i\boldsymbol{C}_j^* \tag{D1}$$

$$u\square\boldsymbol{C}^* = (u_1 + u_2)\square(\boldsymbol{C}_1^* + \boldsymbol{C}_2^*) = \sum_{i=1}^{2}\sum_{j=1}^{2}u_i\square\boldsymbol{C}_j^* \tag{D2}$$

考虑两个电磁系统，对于标量 u，以及两个矢量 $\boldsymbol{A}$ 和 $\boldsymbol{C}$，满足 $u = u_1 + u_2$，$\boldsymbol{A} = \boldsymbol{A}_1 + \boldsymbol{A}_2$，$\boldsymbol{C} = \boldsymbol{C}_1 + \boldsymbol{C}_2$，$u$ 和 $\boldsymbol{C}$ 作乘积运算，$\boldsymbol{A}$ 和 $\boldsymbol{C}$ 作点积、叉积，或组成并矢运算，若记运算符号为□，则有

$$\boldsymbol{A}\square\boldsymbol{C} = (\boldsymbol{A}_1 + \boldsymbol{A}_2)\square(\boldsymbol{C}_1 + \boldsymbol{C}_2) = \sum_{i=1}^{2}\sum_{j=1}^{2}\boldsymbol{A}_i\square\boldsymbol{C}_j \tag{D3}$$

$$u\square\boldsymbol{C} = (u_1 + u_2)\square(\boldsymbol{C}_1 + \boldsymbol{C}_2) = \sum_{i=1}^{2}\sum_{j=1}^{2}u_i\square\boldsymbol{C}_j \tag{D4}$$

其中乘积和并矢运算可略去“□”符号。

参 考 文 献

刘国强. 2016. 磁声成像技术(下册). 北京：科学出版社.

赵双任. 1987. 互能定理在球面波展开法中的应用. 电子学报, 15(3): 88-93.

Carson J R. 1930. The reciprocal energy theorem. Bell System Technical Journal, 9(2), 325-331.

Carson J R. 1924. A generalization of reciprocal theorem. Bell System Technical Journal, 3(3), 393-399.

De Hoop A T. 1987. Time-domain reciprocity theorems for electromagnetic fields in dispersive media. Radio Science, 22(7): 1171-1178.

Feld Y N.1992. On the quadratic lemma in electrodynamics. Sov. Phys—Dokl, 37: 235-236.

Guo L, Liu G, Xia H. 2015. Magneto-acousto-electrical tomography with magnetic induction for conductivity reconstruction. IEEE Transactions on Biomedical Engineering, 62(9): 2114-2124.

Lindell I V, Sihvola A. 2020. Rumsey's reaction concept generalized. Progress in Electromagnetics Research Letter, 89: 1-6.

Lindell I V, Sihvola A. 2020. Errata to “Rumsey's reaction concept generalized”. Progress in Electromagnetics Research Letter, 89: 1-6.

Liu G, Li Y, Liu J. 2020. A mutual momentum theorem for electromagnetic field. IEEE Antennas and Wireless Propagation Letters, DOI 10. 1109/LAWP. 3025614.

Lorentz H A. 1896. The theorem of Poynting concerning the energy in the electromagnetic field and two general propositions concerning the propagation of light. Amsterdammer Akademie der Wetenschappen, 4: 176.

Petrusenko I V, Sirenko, Yu K. 2009. The lost “Second Lorentz theorem” in the phasor domain. Telecommunications and Radio Engineering, 68 (7): 555-560.

Rayleigh L. 1900. On the law of reciprocity in diffuse reflection. Phil. Mag. Series 5, 49: 324-325.

Rumsey V H. 1954. Reaction concept in electromagnetic theory. Phys. Rev., 94(6): 1483-1491.

Rumsey V H. 1963. A short way of solving advanced problems in electromagnetic fields and other linear systems. IEEE Transactions on Antennas and Propagation, 11(1): 73-86.

Stratton J A. 1941. Electromagnetic Theory. John Wiley and Sons Inc.

Tai C T. 1992. Complementary reciprocity theorems in electromagnetic theory. IEEE Trans. Antennas Prop, 40 (6): 675-681.

Welch W J. 1960. Reciprocity theorems for electromagnetic fields whose time dependence is arbitrary. IRE Trans. on Antennas and Propagation, 8: 68-73.

结 束 语

值此书稿付梓之际，写一首七律，特此纪念。

七律 广义互易定理

仙山古境遇兰芝，际会因缘有所思。
沧海桑田成互易，时空反转应相识。
功能动量合双璧，白藕青荷并一枝。
至美从来皆至简，琴音流水我神驰。

(中华新韵)